解碼左右腦的 銷售心理學

引發情感共鳴、運用邏輯制勝，締造完美成交

以感性打動人心，藉理性締造成功
讓客戶主動說「我願意」！

從初次接觸到點頭成交，一路無往不利
不只是交易、話術，銷售是洞察人心的藝術

楊森——著

目錄

前言
左右腦銷售,提升你銷售業績的捷徑

第一部分
基礎篇:探索左右腦銷售的神奇魅力

017 ｜ 第一章　全腦協作:銷售從左右腦同步開始

第二部分
技巧篇:掌握銷售中的左右腦應用法則

035 ｜ 第二章　左右腦結合:用人脈拓展訂單
049 ｜ 第三章　發揮右腦優勢:掌控銷售現場的技巧
057 ｜ 第四章　洞察人性:駛入銷售成功的快車道
067 ｜ 第五章　運用智慧:實現銷售的巔峰突破
081 ｜ 第六章　讀懂客戶心理:左右腦銷售的核心秘訣
091 ｜ 第七章　全腦思維:銷售服務中的智慧應用
105 ｜ 第八章　用感情連接:與客戶建立深厚關係

第三部分
流程篇：溝通過程中的左右腦策略實踐

- 119　第九章　運用全腦技巧：讓成交變得輕而易舉
- 125　第十章　左右腦結合：實現談判的最佳效果
- 141　第十一章　捕捉客戶需求：釣魚要先懂魚的偏好
- 151　第十二章　拓展思維：突破銷售瓶頸的策略
- 161　第十三章　認知與信任：左右腦構建銷售基石
- 169　第十四章　全腦互動：創造更多銷售可能性
- 177　第十五章　雙管齊下：激發客戶購買的渴望

第四部分
策略篇：客戶銷售中的左右腦應用技術

- 187　第十六章　另闢蹊徑：用小策略換取大成果

前言
左右腦銷售，提升你銷售業績的捷徑

「盯了好久的客戶，本以為志在必得，沒想到最後客戶跟對手簽了訂單。」

「工作半年了，只簽了一份訂單，已經被主管約談好多次了。」

「為什麼有的同事客戶源源不斷而我卻找不到？」

「到府推銷時，還沒開始介紹產品呢，就被趕出來了。」

「客戶對產品各方面都很滿意，也有心購買，但就是覺得價格太高，我該怎麼辦？」

「和客戶交流的這段時間，客戶對我的產品很滿意，但就是不提簽訂單的事情，總是以『好的、再說』搪塞，我要怎麼辦？」

……

這些情況，在銷售業打拚的你，是不是經常遇到？明明很努力，但就是沒有收穫。付出與回報總是不成正比，究竟是什麼原因？

為什麼銷售高手可以順利拿到訂單？他們的客戶似乎總是那麼的「通情達理」？難道他們有什麼過人之處？這正是我們研究銷售方法的切入點：從銷售思維和左右腦運用的角度來分析優秀業務員的成功簽訂單行為——他們與客戶的交流語言、談判方式、待人接物的方法等，從而獲取鉅額銷售案例背後鮮為人知的祕密。

銷售過程中會有許多不確定性事件發生，這讓銷售充滿了變數。因此，需要業務員在銷售產品的過程中既能夠隨機應變，又可以以不變應萬變。同時業務員要依靠自身的實力、影響力甚至是個人魅力等因素，與大腦思維結合，用情和理與談判對象展開「較量」，這就是左右腦銷售。左腦理性，右腦感性。

本書所選取的 55 個案例，看似簡單，實則背後藏有大學問，成功的業務員均是精通左右腦銷售技巧的高手。他們的產品不是最優秀的，價格也不是最低廉的，銷售管道也不是最好的，但他們憑藉著自身的實力和對左右腦銷售技巧理論的靈活運用，成功簽下多筆訂單，拿下別人覺得不可能的客戶。

作者針對每一個案例都進行了精彩而深刻的解讀，以幫助讀者掌握案例中的左右腦銷售技巧。每個案例都是精挑細選出的精彩實戰案例，這種精彩不僅展現在案例中人物的交流上，更展現在交流背後的智慧上。

同時，本書行文簡練，要點清晰，內容上沒有繁瑣複雜的銷售理論，沒有生硬刻板的商業教條，相信每一個業務員都能從這些精彩、深刻的案例中，感悟左右腦銷售的智慧，領略左右腦銷售技巧的魅力。

　　作為一名業務員，當你把左右腦銷售的方法融入銷售過程時，你就會改變銷售思維，擁有無往不勝的全新銷售體驗，自如應對客戶的任何問題，順利攀上銷售業績的頂峰。

左右腦銷售技巧的基本原理

　　我們在與客戶溝通談判時，如果能夠好好地運用左右腦的特性，借鑑「左右腦技巧」，那麼成功率會更高。

　　關於左右腦銷售技巧的基本原理，著名的銷售行為專家在他的書中作了精彩的論述，並根據對資深銷售顧問的左右腦銷售技巧研究成果的總結，列述了30條結論，以幫助大家全面理解左右腦銷售技巧的基本原理，使大家達到無往不勝的銷售境界。

　　下面的象限圖顯示全腦銷售技巧的核心概念。全腦銷售技巧的學術說法是LPRS（Left Brain Planning, Right Brain Selling），即左腦計劃、右腦銷售。

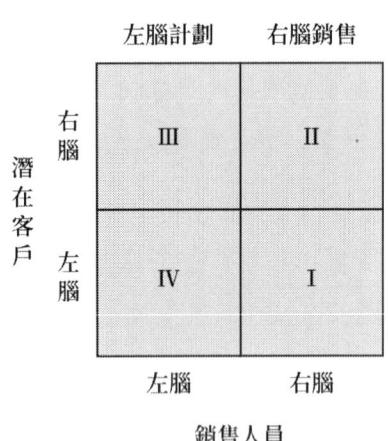

30 條結論如下：

結論 1：右腦是對左腦的模擬

- 左腦接收數字訊息，精確、冷靜
- 右腦接收模擬訊息，模糊、熱情

結論 2：左腦看重利益，邏輯線索，理性思維

結論 3：右腦看重友誼，模糊概念，感性思維

結論 4：潛在客戶

- 左腦追求產品帶來的利益、企業動機、企業職責，是侷限的、短暫的
- 右腦追求產品帶來的感覺、個人動機、自我發展，是廣闊的、長期的

結論 5：業務員

- 銷售中期，左腦進行產品利益分析
- 銷售初期、銷售後期（簽約後期），右腦進行客戶關係的建立與維護

結論 6：潛在客戶用右腦了解業務員，用左腦建立信任

結論 7：在沒有事先準備的面對面接觸中，絕大部分的人首先用右腦

結論 8：在事先充分準備的面談中，在話題預期範圍內你用的是左腦，維持的時間取決於話題在預期範圍內的時間。一旦話題被帶出準備範圍，則再次使用右腦

結論 9：人們擅長在快速反應時使用右腦，在做謹慎決策時使用左腦

結論 10：左腦是深思熟慮的地方，右腦是現場發揮的地方

結論 11：左腦依靠資訊來決策，右腦依靠感覺來判斷

結論 12：左腦考慮收益，右腦考慮成本；左腦考慮價值，右腦考慮價格

結論 13：農業文明善於用右腦，缺乏精確的訓練和應用

結論 14：工業文明善於用左腦，缺乏感覺的控制和應用

結論 15：資訊化文明階段是左右腦高度發達、共同發揮

作用的黃金時期

結論 16：關注業務員的左腦，左腦能力可透過培訓來提升。相對來說，右腦能力難以透過培訓得到提升。因此，最重要的是需要辨識業務員的右腦的能力程度

結論 17：右腦是有關溝通表現、處世能力

結論 18：左腦是有關思維表現、思考能力

結論 19：右腦能力的測試包括表達能力、情境判斷能力、快速決策能力、實力分布的快速感覺和傾向、衝突中選擇立場的準確性以及速度

結論 20：左腦能力的測試包括思考能力、邏輯能力、推理能力、有效陳述一個具體事物的能力、語言的結構、語言的準確性、用詞能力、詞彙掌控能力、有效將情景片段擴展成完整故事的能力

結論 21：潛在客戶容易從右腦開始接觸業務員，並在接觸的過程中使用左腦。但使用左腦的時間是短暫的，隨後又轉向右腦，且通常不會再返回到左腦。如果再次見面，也許會重新用左腦來對話

結論 22：對業務員的挑戰則是將左腦的嚴密思維，用右腦的形式來影響潛在客戶，並將客戶鎖定在右腦的使用上，從而達到簽訂單的目的

結論 23：右腦是經驗性的，左腦是知識性的

結論 24：技能是在左腦的基礎上透過右腦來表現的

結論 25：象限Ⅰ：業務員的右腦對潛在客戶的左腦

結論 26：象限Ⅱ：業務員的右腦對潛在客戶的右腦

結論 27：象限Ⅲ：業務員的左腦對潛在客戶的右腦

結論 28：象限Ⅳ：業務員的左腦對潛在客戶的左腦

結論 29：決策是使用左腦的，但是會受到右腦的嚴重影響

結論 30：全腦銷售技巧對業務員管理的三點啟發：

首先，在挑選業務員時，先考慮測試其右腦能力。相對來說，右腦能力是難以培養的，或者需要很長的時間來培養，導致企業培訓成本提高。

其次，測試業務員的左腦能力，確定其培訓的起點，從而制定有個別性的培訓次序。左腦能力是容易培養的，透過邏輯訓練在一定的時間內就可以達到一定的標準程度。

再次，實行左腦培訓，並保持對右腦的測試。

如何快速掌握本書精髓

如果你帶著一定要提高自己銷售技能的願望讀此書，那麼你將從本書中獲得最大程度的收穫。

開卷有益，透過本書，你可以學到全新的銷售理念，掌握更多銷售技巧。作為能夠快速提升銷售業績的實戰性讀物，本書邏輯嚴謹，實用性強，閱讀完此書，一定會讓你有所得。

在你每閱讀完一個章節後，不要急著閱讀下一章，應該停下來，想想在剛剛看過的這一章節中，收穫了什麼。同時反思一下自己在過往的銷售過程中，犯過哪些錯，此刻的你是否已經找到解決辦法，並把這些心得記錄在你的讀書筆記中，以便隨時提醒自己。

在閱讀本書時，手握一支筆，遇到你認為對自己的銷售工作有幫助的地方，畫一個標記，以便提高重讀時的效率，快速找到重點。

為了更好地學以致用，你可以把本書作為一本隨身攜帶的工具書，搭車時、等人時隨時拿出來翻看一下。熟能生巧，你會進步得更快。

閱讀完此書，你可以結合自己的左右腦能力，以及使用情況為自己制定一款更適合自己的左右腦提升計畫，例如：制

定提升左腦的思考能力、推理能力、邏輯能力、語言準確性的訓練計畫；提升右腦的溝通能力、想像力、人際關係的感知能力的訓練計畫，以便在銷售工作中更靈活地運用左右腦。

如果想充分做到學以致用，讓自己對本書的左右腦銷售技巧運用自如，那你就需要在工作中時時刻刻應用它們。否則，闔上書以後，你很快就會忘記它們，只有親身實踐過的理論知識才會真正地成為你自己的技能。

本書看似結構簡單，卻是一本能提升你銷售業績的書。在開始閱讀之前，請記住如下幾句銷售名言：

- 像對待家人和朋友一樣對待客戶。
- 在推銷產品之前，你要先把自己成功推銷給客戶。
- 利己先利人，如果你從不考慮別人的利益，那麼屬於你的利益也會不翼而飛。
- 業務員最大的失敗在於，讓客戶在該動感情時動了腦筋，而在該動腦筋時動了感情。
- 比起商品，客戶更需要解決問題的辦法。
- 推銷產品時，要讓客戶動心，而不是動腦。
- 銷售中最關鍵的是「多問」。
- 銷售是從被拒絕開始的。

- 優秀的業務員必須經常反省自己的銷售方法並及時完善,這樣才會更快地成長。

第一部分　基礎篇：

探索左右腦銷售的神奇魅力

第一部分　基礎篇：探索左右腦銷售的神奇魅力

第一章
全腦協作：銷售從左右腦同步開始

案例 1　用心傾聽，一個盆栽也能打開話題

　　高珊是一名天然食品公司的業務員。雖然天然食品已風行好長一段時間，但一般家庭對這種產品仍有顧忌，不敢貿然購買，這使高珊的業績始終沒有好轉。

　　某天，高珊一如往常登門拜訪客戶。當她把蘆薈精的功效告訴客戶後，對方表示沒有多大興趣。高珊心想：「今天又要無功而返了。」當她準備告辭時，突然看到陽臺上擺著一盆美麗的盆栽，種著紫色的植物。於是，高珊好奇地請教對方說：「好漂亮的盆栽啊！平常似乎很少見到。」

　　「真的很罕見。這種植物叫嘉德利亞蘭，屬於蘭花的一種，它的美，在於那種優雅的風情。」

　　「的確如此。一定很貴吧？」

　　「當然了，這盆盆栽要 800 元呢！」

「什麼？800元……」

高珊心裡想：「蘆薈精也是800元，大概有希望成交。」於是她開始把話題轉入重點。

「每天都要澆水嗎？」

「是的，每天都要細心養育。」

「那麼，這盆花也算是家中的一分子囉？」

這位家庭主婦覺得高珊是個有心人，於是開始傾其所知地講述關於蘭花的學問，而高珊也聚精會神地聽，同時思考著如何透過蘭花說服這位主婦購買自己的產品。

等客戶談得差不多了，高珊趁機把剛才心裡所想的事情提了出來：「太太，您這麼喜歡蘭花，一定對植物很有研究，您一定也知道植物帶給人類的種種好處，比如能帶給您溫馨、健康和喜悅。我們的天然食品正是從植物裡提取的精華，是純粹的健康食品。太太，今天就當作買一盆蘭花，把天然食品買下來吧！」

沒想到這位太太竟爽快地答應了。她一邊打開錢包，一邊說：「即使是我丈夫，也不願聽我絮絮叨叨講這麼多，而你卻願意聽我說，甚至能夠理解我這番話，希望你有時間再來聽我談蘭花，好嗎？」

這次成功的推銷經歷讓高珊受益匪淺，她把這個經驗運用到以後的推銷工作中，果然業績慢慢好轉了。

◆案例分析：

溝通技能是一項非常重要的銷售技能，是業務員右腦實力的展現。溝通中最重要的不是察言觀色，也不是能言善辯，而是許多業務員可能都知道的答案——傾聽。也就是說，一個優秀的業務員不光要會說話，而且要會「聽話」。

良好的傾聽技巧，可以幫助業務員解決推銷中的許多實際問題。可以肯定地說，對於成功的推銷，傾聽所發揮的作用絕不亞於陳述與提問。透過傾聽這一行為，可以向客戶表明：業務員十分尊重他們的需求，並正在努力滿足他們的需求。

就像案例中的天然食品業務員高珊，在採用常規方法向客戶推銷產品未取得成效時，及時發揮了自己右腦的優勢，以一句「好漂亮的盆栽啊！平常似乎很少見到」，讓客戶心門大開，向她講述了很多關於蘭花的學問。而高珊只是充當了一名聽眾，並在適當的時候把話題從蘭花轉移到自己的產品上，就成功地銷售出了產品。

這個過程是業務員右腦實力的展現，透過耐心傾聽對方的話語，在無形中提高對方的自尊心，加深彼此的感情，為推銷成功創造和諧融洽的氣氛。

因此，業務員一定要提高自己的傾聽能力，不但要認真

聽，還要學會怎麼聽，並在聽的過程中，巧妙地做引導，這樣客戶才會購買你的產品。

案例2　售價比客戶的開價還低？主動讓利，是為了更長遠的收益

萊文的公司是一家以銷售產品原物料為主的公司，曾經與某公司有過長期合作關係，萊文一直以合約規定的價格向他們銷售原物料。

一次，這家公司的副總裁沃爾森提出想要與萊文全面協商一些重要的合作事宜。

萊文如約和沃爾森會面。萊文心裡知道他想要做什麼，果然不出所料，他對萊文說：「我反覆地翻閱了我們以前所簽的合約，發現我們現在無法按照原定合約規定的價格向你購買原物料，原因是我們發現了更低的價格。」

萊文當然可以對他說「我們白紙黑字早就簽好了合約，你不能單方面撕毀合約，至於其他的事，我們等這次合約期滿之後再談」這類話。

這樣，即便沃爾森再不情願，也只能履約而不能擅自停止採購原物料，但這樣做無疑會讓他因此感到不舒服。

此時萊文的事業正在發展期，他需要與這個重要的客戶

保持長期而又穩定的合作關係，於是，萊文說：「那麼您能說一下您想要的價格嗎？」

沃爾森說：「我們要求也不高，單價15美分可以吧？」接著他向萊文解釋了之所以提出這一降價要求的原因。原來，有一家遠在數百公里以外的公司給出14美分的價格，但從那裡把原物料運過來，需要另加2美分的運費。所以沃爾森要求把單價降到15美分。

萊文沉思了一下，在紙上算了一會，然後抬起頭來對沃爾森說道：「我給你12美分。」

沃爾森不由得大吃一驚，不相信地問道：「你在說什麼？是說要給我12美分嗎？可我說過我們15美分就可以接受。」

萊文說：「我知道，但是我可以給你們12美分的價格。」

沃爾森問：「為什麼？」

萊文說：「請你告訴我你打算與我們合作多長時間？」

沃爾森說：「這個當然是看我們合作的情況來定了，就目前來講，我很樂意與貴公司保持長久而愉快的合作關係。」

最終，萊文得到了一個長期合作的承諾，對方得到了一個滿意的價格。

◆案例分析：

在現代社會裡，消費者是至高無上的，沒有一個企業敢蔑視消費者的意志。只考慮自己利益的企業，任何產品都賣不出去。因此，業務員在銷售產品時，一定要深入思考，既要考慮自身利益，還要考慮客戶的利益，只有做到互惠互利，才能把銷售工作做好。尤其在面對一些銷售難題的時候，如果主動給客戶一個好價格，不僅可以使銷售難題迎刃而解，更可以以犧牲小利益來換取更大的利益。這個案例就是一個使用左腦思考、以主動讓利獲得長遠利益的典型案例。

案例中，萊文與沃爾森已有過長期的合作關係，但因客戶發現了更低的價格，使得雙方再次會面商談。我們可以看到，當沃爾森提出價格問題時，萊文知道客戶已經進行過調查，這是客戶左腦做出的理性決策，而自己只有使用左腦，才能讓客戶滿意。

於是，他並未要求客戶按合約執行，而是詢問對方可以接受的價格，當沃爾森提出15美分的價格時，萊文透過計算（左腦能力），最後給出了12美分的價格，這讓對方始料不及，成功地俘獲了客戶的左右腦，既讓客戶左腦認為得到了一個好價格，又讓客戶右腦感受到萊文希望長期合作的誠意，加深了好感，為以後的合作打下良好的基礎。

第一章　全腦協作：銷售從左右腦同步開始　023

左腦關注的是利益，在整個會談過程中，萊文一直在使用自己的左腦控制局面，既讓客戶得到了利益，又讓自己獲得了長遠的利益。因此，作為一個傑出的業務員，在發現一個很有潛力也很有實力長期合作的客戶時，一定要善於使用左腦思考，主動放棄眼前利益，追求更長久的合作，以獲得長遠的利益，這才是一個左右腦銷售高手能力的完美展現。

案例3　用一份小吃拿下訂單

張敬是一家軟體公司的產品經理，在分配任務時，上層要求他務必拿下《XX晚報》這個客戶。

張敬耗費大量精力蒐集資料並動用了一些人脈，了解到與他聯絡的報社網路部主任陳亭最近在研究新媒體平臺搭建與營運。

隨後，張敬又在公司信箱中找到兩週後在會展中心將會舉辦一個軟體交流會，自己公司也將參加。

一切準備工作就緒之後，張敬撥通了陳亭的電話：「您好，請問陳主任在嗎？」

「我是。」

「陳主任，您好。我是XX軟體公司APP開發的產品經

理,張敬。7月8日在會展中心將會舉辦一場『軟體交流會』,我們公司也會參加,誠邀您與會,請問您那天方便嗎?」

「我現在還不能確定。」

「屆時都會展示我們所有的產品,而且我們邀請了新媒體平臺搭建方面的專家白老師親臨現場,與大家交流經驗,我想您會感興趣。」

「白老師也在?如果有時間,我一定去。」

「好,我馬上寄邀請函給您,並會提前打電話與您確認。另外,陳主任,我可以了解一下你們報社的情況嗎?」

「我只有5分鐘時間,等一下要去開會。」

「那好,我抓緊時間。我了解到貴報社發展得很好。但是現在報章媒體屬於夕陽產業,很多報章媒體都轉到了網路、手機應用程式等。貴社下一步的計畫是什麼呢?」

「我們有轉型方面的計畫,只是還未落實。」

「您現在的主要工作是什麼呢?」

「我們現在正在研究報社新媒體平臺搭建與營運。我們最近在臺南開了一場這方面的研討會。」

「是嗎?我們的客戶服務中心和總部也在臺南,您喜歡臺南嗎?」

「臺南是個很安逸的城市,風景和氣候都很好。」

「食物呢？您喜歡臺南的食物嗎？」

「不錯，臺南的食物很有特色。」

「哦，您的研討會開得怎麼樣？」

「很好，所以我對你們的展會有一點興趣。對不起，我要去開會了。」

「好吧，我現在就將邀請函寄給您，我們會展中心見。」

一週後，陳亭收到了邀請函和各種臺南名產。7月8日近百人參加了這次「軟體交流會」，張敬邀請了幾位老客戶和幾位重要的新客戶。

「軟體交流會」9：00開始，張敬8：30就來到了會場，衣著莊重、整潔，站在客戶簽到處等候著客戶的到來。8：40，一個年輕人來到簽到處，將名片交給接待人員。張敬一眼看出這是《XX晚報》報社的名片，便馬上走上來，面帶微笑迎接。

「您好，您是《XX晚報》的陳亭嗎？」

「我是。」

「歡迎您，我是XX軟體公司的張敬，我和您通過電話並為您寄去了邀請函。」

「我知道，謝謝你的邀請函。」

「點心好吃嗎？我特地選了各種口味的。」

「很好吃,我請我的同事們一起吃,他們也很喜歡。」

「白老師的經驗交流會馬上開始,我已經幫您訂好了座位,請跟我來。」

張敬將陳亭帶到第一排的座位上,然後又返回門口招待其他客戶。在中場休息時,張敬找到陳亭,一起喝了咖啡,並將白老師介紹給陳亭。看到他們談得很投機,張敬便去招待其他客戶。「軟體交流會」結束後,張敬建議陳亭在報社做一個APP技術交流會,陳亭採納了他的建議,並說會爭取馮揚總編參加。

張敬回到公司後,馬上和陳亭確定了技術交流的時間:交流會將於一週後在報社會議室裡舉行,包括馮總編在內的十幾個人應邀參加。陳亭說馮總編正有意做一款「手機裡的晚報」,所以這次交流會很重要,馮總編會根據技術交流的情況判斷是否與張敬的公司合作。

技術交流的日子到了,張敬和工程師提前30分鐘來到會議室。工程師去安裝帶來的演示用的產品,張敬則去與馮總編見面。9點鐘,他與馮總編一起來到會議室。

在10:30中場休息時,與會者紛紛走出會議室。他們發現在走廊上居然有兩個餐桌,餐桌上備有咖啡、茶水、點心和水果。張敬告訴大家,這是專門為他們準備的。等客戶拿完食物,他要了一杯咖啡和一些點心,來到正在喝咖啡的馮

總編身邊。

「馮總編，咖啡還好嗎？」

「很好，你們準備得真充分，連咖啡和點心都準備了。」

「一上午的技術交流也很辛苦，喝一杯咖啡能提神。馮總編，您看起來很硬朗，一定經常鍛練吧？」

「人到中年，身體越來越不如以前了。如果不鍛練，精力和體力就跟不上了。」

「您喜歡什麼運動？」

「網球。」

「真巧，我也常打網球。您是和誰打？」

「與報社的同事。」

「我請了一個專業的網球教練，每週陪我打一次，他不但教我技術，還要求我來回跑動，我覺得有教練陪打的鍛練效果更好。」

「我只是在學校的時候與教練打過。」

「您應該試一試。哦，時間差不多了，我們進去吧。」

演示會讓馮總編留下了不錯的印象。在最後演示時，馮總編親自體驗了此款APP模板的操作和使用，他表示對張敬公司的APP介面設計和功能很滿意。

週五下班前，張敬打了電話給馮總編，約馮總編一起去

體育館打網球,體育館距馮總編的家很近,而且網球教練很棒,馮總編答應了。

週末的網球打得很愉快。週一上午,張敬第二次走進馮總編的辦公室,辦公室很雜亂,隨處都是書,馮總編埋頭於電腦前,正在工作。

「您好,馮總編。」

「你好,坐吧。」

「馮總編,您有很多書,我能看一下您的書架嗎?」

「可以。」

「您有很多電腦方面的書,竟然還有《資治通鑑》。」

「工作不忙的時候,我會翻一翻。」

「是嗎?我也很喜歡中國歷史,我最近看了一本《張居正傳》。另外,我每天都在看你們的報紙,它的影響力越來越大了。」

「我們的計畫是在3年內將《XX晚報》辦成發行量最大的報紙。」

「那您對網路的發展計畫是什麼呢?」

半個小時後,張敬清楚地了解馮總編的想法。幾天後,他再一次拜訪馮總編。

「馮總編,週末過得好嗎?」

「週六帶小孩去學鋼琴。」

「現在小孩比大人還辛苦。您的小孩快要上小學了吧？」

「明年就要上了。」

「我母親在教育局工作，到時可以幫您詢問一下。」

「好啊。」

「馮總編，我這次來拜訪您是想深入了解一下您對 APP 的需求。」

「好啊，我們正在寫需求書，也想了解一下你們的產品。」接下來，張敬根據自己掌握的專業知識為馮總編詳細介紹自己公司 APP 產品的優勢，又根據客戶的要求，為其制定了一個配置方案，並與馮總編達成了共識。

◆ 案例分析：

在銷售過程中，想要成功地接觸到客戶，並讓客戶接受自己的產品，業務員就必須發揮自己的全腦優勢，運用多種方法，促使顧客做出購買的決定。

就像這個案例中的 APP 產品經理張敬，他在確定自己的目標客戶是《XX 晚報》之後，主要採取以下幾個步驟：

首先，耗費大量精力蒐集資料並動用人脈關係，確定與他聯絡的報社網路部主任陳亭最近在研究新媒體平臺搭建與

營運,後又透過郵件找到兩週後在會展中心將舉辦軟體交流會,公司也會參加。這些都是為接觸客戶進行的前期準備工作。在左右腦銷售技巧中,全面的準備源於邏輯思考、系統思考以及有次序的、按照事物發展規律來布局的左腦優勢。

其次,在與潛在客戶的主任陳亭溝通中,得知他喜歡臺南小吃,於是張敬在幫客戶送邀請函時一併送上各種不同的名產。在銷售過程中,送給客戶一點他喜歡的小禮物會帶給客戶驚喜,從而獲得他的好感,這是一種典型的右腦策略。

再來,在與《XX晚報》總編馮揚接觸的過程中,成功地將產品展示在客戶面前,並讓馮總編親自體驗了此類APP模板的操作和使用,這是體驗行銷的一種做法,這種做法使產品更具說服力,容易獲得客戶的信賴。

另外,週末張敬約馮總編一起打網球。在銷售過程中,與客戶一起參加其喜歡的休閒活動是增進彼此感情的最好做法,是為右腦控制局面服務的。

最後,張敬在第二次拜訪馮總編時,基於前期雙方建立的良好關係,以及張敬事先了解到的客戶資料,順利地掌握客戶的需求,並透過提問,讓顧客參與到產品的設計當中。這也是顧問式銷售的典型做法。

張敬透過以上步驟,最後成功地獲得了訂單。可見,在推

銷過程中，業務員必須充分發揮自己左右腦的優勢，分析、引導客戶的思維，這樣才會有成功的可能。

第二部分　技巧篇：
掌握銷售中的左右腦應用法則

第二部分　技巧篇：掌握銷售中的左右腦應用法則

第二章
左右腦結合：用人脈拓展訂單

案例4　學會變通，讓下訂單障礙變橋梁

陳成是推銷水泥用球磨機的業務員。他認為某市是個水泥廠集中的地區，對球磨機的需求一定不小，於是便收拾行李過去了。

透過走訪，陳成了解到，不久之前，有一家外資企業在此剛剛開業，他們的旋窯生產線採用了世界上最先進的技術，其球磨機對磨球原料的品質要求非常高。如果能和這家大企業建立合作關係，該地區其他小廠一定會紛紛仿效。

做好準備後，陳成就去登門拜訪了。沒想到剛到大門口，他就被保全非常客氣地擋在了外面。

跑了上千公里，結果連人家的大門也沒有進去，陳成當然很不甘心。他想，阻攔自己的是誰呢？是保全。於是，他在保全身上下功夫。

陳成使盡各種方法，保全就是不願意放他進去。保全說：

「我不會違反規定讓你進去的！你要想清楚，我好不容易才得到這份工作，請你不要替我添麻煩了！」

陳成見正面請求沒有見效，就轉換策略與保全聊起了家常。保全一開始不願意和他說太多，後來見他比較真誠，就愛理不理地應付了幾句。

到了後來，兩人竟然聊得很投機，陳成對保全說：「大哥，我這份工作來得也不容易啊！這次我跑了上千多公里來到這裡，如果連你們的大門都進不去的話，我的飯碗可能會保不住。但我知道您也很辛苦，就不為難您了，我打算明天就回去，以後記得常聯絡啊！」

保全聽了這番話頗有感觸，悄悄告訴他：「總經理每天早上8點準時進廠，如果你有膽量，就攔下他的車。記住，他開的是一輛白色BMW，我只能幫你這麼多了。」

得到這個消息，陳成喜不自禁。第二天天剛亮，他就來到廠外等候，並順利見到了總經理。經過一番艱苦的談判，廠方訂了一大批貨。

◆ 案例分析：

對於那些上門跑業務的業務員而言，保全、祕書等接待人員往往會成為他們接觸負責人的最大障礙。因此，業務員首先應取得這些人的認可，才有可能達到簽訂單的目的。這個

案例就是業務員運用右腦策略感動保全,最後成功簽下訂單的經典案例。

在案例中,業務員陳成為了拿下大客戶而登門拜訪,但卻始終過不了保全這一關,無論他怎麼請求都無濟於事。保全不放業務員進去是在履行自己的職責,也就是說此時的保全正在使用左腦思考。因此,業務員想要進入公司,就必須改變策略,讓保全放棄使用左腦。

陳成不愧是一個左右腦推銷的高手,他及時轉變了策略,與保全聊起家常,這是一個典型的右腦策略。兩人越聊越投機,最後陳成說:「大哥,我這份工作也不容易啊!……以後記得常聯絡啊!」這些話同樣直接作用於保全的右腦,尤其是「大哥」這個非正式的稱呼更是拉近了兩人的距離,獲得了對方進一步的好感。最終,右腦策略取得成功,保全徹底放棄左腦的理性思考,向他透露總經理的消息,陳成最終見到了總經理,並成功簽約。

因此,業務員遭到接待人員的拒絕時,千萬不要灰心,而是要積極發揮自己的右腦實力,與他們打好關係,一旦獲得了接待人員的認可,就可以使障礙變為橋梁,順利達到目的。

案例 5　簽訂單第一步：與客戶成為朋友

吉姆是一位非常忙碌而且非常排斥業務員的油桶製造商，某天，保險業務員威廉帶著朋友的介紹信，來到了吉姆的辦公室。

「吉姆先生，早安！我是人壽保險公司的威廉。我想您大概認識皮爾先生吧！」

威廉一邊說話，一邊遞上自己的名片和皮爾的親筆介紹信。吉姆看了看介紹信和名片，丟在桌子上，以不甚友好的口氣對威廉說：「又是一位保險業務員！」

吉姆不等威廉說話，便不耐煩地繼續說：「你是我今天見到的第3位業務員，你看到我桌上堆了多少文件嗎？要是我整天坐在這裡聽你們業務員吹牛，就什麼事情也別想辦了，所以我拜託你，不要再做無謂的推銷啦，我實在沒有時間跟你談什麼保險！」

威廉不慌不忙地說：「您放心，我只占用您一點時間就走，我來這裡只是希望認識您，如果可能的話，想跟您約個時間碰個面，再過一兩天也可以，您看早上還是下午好呢？我們的見面時間大約20分鐘就夠了。」吉姆很不客氣地說：「我再告訴你一次，我沒有時間見你們這些業務員！」

威廉並沒有告辭，也沒有說什麼。他知道，要和吉姆繼

續談下去，必須得想想辦法才行。於是他彎下腰很有興趣地觀看擺在吉姆辦公室地板上的一些產品，然後問道：「吉姆先生，這都是貴公司的產品嗎？」

「是。」吉姆冷冰冰地說。

威廉又看了一下子，問道：「吉姆先生，您在這個行業做了多長時間啦？」

「大概有八九年了！」吉姆的態度有所緩和。

威廉接著又問：「您當初是怎麼進入這一行的呢？」

吉姆放下手中的公事，靠在椅子的靠背上，臉上的表情也變得不再嚴肅了，他緩緩地對威廉說：「說來話長，我17歲時就進了一間大公司，為他們賣命工作了10年，可是到頭來只不過混到一個部門主管，還得看別人的臉色做事，所以我狠下心，想辦法自己創業。」

威廉又問道：「請問您是賓州人嗎？」

吉姆這時已完全沒有生氣和不耐煩的情緒了，他告訴威廉自己並不是賓州人，而是瑞士人。聽說他是一個外國移民，威廉吃驚地問道：「那真是不簡單，我猜您很小就移民來到美國了，是嗎？」

這時吉姆的臉上竟出現了笑容，自豪地對威廉說：「我14歲就離開了瑞士，先在德國待了一段時間，然後決定到新大陸來打天下。」

「真是一個精彩的傳奇故事,我猜您要建立這麼大的一座工廠,當初一定籌措了不少資本吧?」

吉姆微笑著繼續說:「資本?哪裡來的資本!我當初創業的時候,口袋裡只有300美元,但是令人高興的是,這個公司目前已有整整30萬美元的資本了。」威廉又看了看地上的產品說:「要做這種油桶,一定需要特別的技術,要是能看看工廠裡的生產過程就好了,一定很有趣。您是否願意帶我去看一下您的工廠呢?」

「沒問題。」

吉姆此時再也不提他有多忙了,他一條手臂搭在威廉的肩上,興致勃勃地帶著他參觀自己的油桶生產工廠。

威廉用熱忱和特殊的談話方式,化解了這個討厭業務員的瑞士人的冷漠和拒絕。可以想像等他們參觀完工廠以後,吉姆再也不會拒絕和這位業務員談話了,只要談話一開始,威廉就已經成功了一半。

事實上,他們在第一次見面之後,就成了好朋友。自那以後的16年裡,威廉陸續向吉姆和他的6個兒子賣了19份保單。此外,威廉還跟這家公司的其他員工也建立了友誼,從而擴大他的推銷範圍。

◆ 案例分析：

在推銷過程中，遇到客戶的拒絕在所難免，這時，業務員要能發揮自己的溝通能力，盡力鼓勵和關心客戶，化解客戶的「反推銷」心理，使客戶感到一種溫馨，進而把你當成知心朋友，這對你的推銷工作會發揮正向的作用，同時這也是關係行銷建立的一種方式。這個案例就是一個典型的與客戶先做朋友後做生意的實戰案例。

保險業務員威廉帶著朋友的介紹信去拜訪客戶，但仍然被客戶毫不客氣地拒絕了。熟人介紹也是一種作用於客戶右腦的策略，但對態度強硬的客戶並不會發揮作用。對一般業務員來說，在被顧客毫不客氣地拒絕之後，很可能會失望地告辭，但威廉卻沒有走，而是充分發揮自己左右腦的實力，贏得了客戶的心。

「吉姆先生，這都是貴公司的產品嗎？」、「您在這個行業做了多長時間啦？」、「您當初是怎麼進入這一行的呢？」這一系列感性的提問，讓談話從客戶的職業開始，這是打開客戶話題的萬能鑰匙，因為所有的成功人士都會對自己當初的選擇和使他成功的一些事沾沾自喜，當你把話題轉到這裡，而他又不是正在氣頭上的話，一定會告訴你他的創業史。話題由此逐步打開，客戶原本的思維也會由左腦的理性轉移到右腦的感性。

果然，威廉的右腦策略成功了，在接下來的交談中，威廉利用自己出色的溝通能力和左腦的邏輯思維能力，把客戶的思維始終控制在右腦的使用上，最終不但與客戶成了好朋友，還獲得了新的保單。

可見，與潛在客戶做朋友是開拓客戶的一種有效途徑，在推銷時遇到類似客戶時，我們不妨運用左右腦銷售技巧的智慧與其先成為朋友，然後生意當然也就成功了。

案例6　把客戶的朋友也變成客戶

趙明是平安保險的銷售顧問，他透過一個老客戶得到了李先生的電話，並了解一些客戶的基本情況。

趙明：「李先生，您好，我是平安保險的顧問。昨天看到有關您的新聞，所以，我特地找到電視臺裡的客戶，詢問了您的電話。我覺得憑藉我的專業特長，應該可以幫上您。」

李先生：「你是誰？你怎麼知道我的電話號碼？」

趙明：「平安保險，您聽說過嗎？昨天新聞裡說您遇到一起交通意外，幸好沒事了。不過，如果您現在有一點身體不適的話，我看是不是可以幫您一個忙。」

李先生：「到底是誰給你的電話呢？你又可以怎麼幫我

呢？」

趙明：「是您電視臺裡的同事，我的一位客戶，跟您一起主持過節目。她說您好像的確有一點不舒服。我們公司對您這樣的特殊職業有一個比較好的綜合服務，我可以為您安排一個半年免費的保障。如果這次意外之前就有這個免費保障的話，您現在應該可以得到一些補償。您看您什麼時候方便，我把資料幫您送過去。」

李先生：「哦，是丁元給你的電話啊。不過，現在有空的時間的確不多，這個星期要連續錄節目。」

趙明：「沒有關係，下週一我還要到電視臺裡，還有兩個您的同事也需要我把詳細的說明送過去。如果您在，就剛好；如果您忙，我們再找時間也行。但是，生活難免會有意外，出意外沒有保障就不好了。」

李先生：「你下週過來找誰？」

趙明：「一個是你們這個節目的製片，一個是另一個節目的主持人。」

李先生：「週一我們會一起做節目，那時我也在。你把剛才說的那個什麼服務的說明一起帶過來吧。」

趙明：「那好，我現在先為您申請一下，再占用您5分鐘，有8個問題您必須回答我一下，因為我現在必須替您填表。我問您答，好嗎？」

隨後，就是詳細的資料填寫，後來趙明成功簽了一份一年的保險合約。

◆ 案例分析：

當業務員初次與潛在客戶接觸時，利用潛在客戶周圍的人際關係往往更容易獲得訂單。這個案例就是一個透過人際關係拿訂單的電話行銷案例。

在案例中，我們看到趙明在接通潛在客戶李先生的電話並自報家門後，李先生的防衛心理是顯而易見的。這時，如果業務員不能及時消除客戶的這種心理，那客戶很有可能會馬上結束通話。在下面的對話中，我們可以看出，趙明是做了充分的調查和準備的，並事先制定了詳細的談話步驟，這是優秀的左腦習慣的表現。

在接到潛在客戶警惕性的訊號後，趙明先以對方遇到一起交通意外，可以為其提供幫助為由，初步淡化了客戶的警惕心理；然後又藉助李先生同事的關係徹底化解了對方的防衛心理，取得了潛在客戶的信任，成功地得到了李先生的資料以及一年的保險合約。趙明的計畫成功了，這是左腦策略的勝利。

可見，業務員在準備與潛在客戶接觸前，一定要有所準

備，並善於利用潛在客戶周圍人的影響力，這是獲得潛在客戶信任的一個有效方法。

案例 7　定期關心老客戶，新客戶不請自來

高瑜是一家健身俱樂部的電話行銷人員，她的主要工作就是透過電話推廣一種健身會員卡。該俱樂部共有 15 個電話行銷團隊，每個團隊 10 人。在高瑜剛加入俱樂部時，她所在團隊的整體業績排在最後一名，在她工作三個月後，該團隊的業績上升到了第一名，她的個人業績也排在全俱樂部第一名。

當有人問高瑜的成功經驗時，她毫不掩飾地透露了她的祕訣：每個月的前 20 天尋找新客戶，後 10 天維護老客戶。

她舉了一個維護老客戶的例子。

高瑜：「謝總，您好！我是高瑜，最近在忙什麼呢？」

謝總：「高瑜啊，你好，最近出差，剛回來。」

高瑜：「難怪我這幾天都沒看到您來我們這裡鍛練身體呢，出差很辛苦的，什麼時候到我們這裡放鬆一下？」

謝總：「明天我就約幾個朋友過去打網球。」

高瑜：「您的朋友都有我們的會員卡了嗎？」

謝總:「哦,想起來了,他們還沒有呢。」

高瑜:「那趕快幫他們辦呀!」

謝總:「如果同時辦三張卡,你們有沒有優惠?」

高瑜:「同時辦三張沒有優惠,俱樂部規定同時辦五張可以打 8 折。」

謝總:「我只有這三個要好的朋友,買多了也是浪費呀!」

高瑜:「您平時除了運動之外,還有其他愛好嗎?」

謝總:「偶爾和幾個朋友打打牌。」

高瑜:「打牌會賭錢嗎?」

謝總:「我們都玩得很小,還談不上『賭』字。」

高瑜:「您抽菸嗎?」

謝總:「抽菸啊!」

高瑜:「這還不簡單,省下您買菸和打牌的錢就可以多辦兩張卡了。以後就不要打牌了,有時間就直接到我們這裡鍛練身體,我這就幫您辦啦,您明天帶朋友過來就可以馬上拿卡了。」

謝總:「好哇,我說不過你,要不然你到我公司來上班吧,怎麼樣?」

高瑜:「謝謝謝總,我現在到貴公司去還不是時候,等到有一天,我在這家公司把本領練到爐火純青了,再到貴公司

去才有價值呀！說好了，您明天一定要過來哦，我已經幫您申請了五張年度卡，每張卡打8折，共8,000元，明天直接過來拿就好了。」

謝總：「好吧。」

◆ **案例分析：**

這是一個典型的依靠關係銷售的例子。高瑜依靠以往與客戶建立的合作關係來完成新的銷售，也是一個左右腦銷售技巧的過程。

在案例的開始，高瑜就透露了她成功的祕訣：每個月的前20天尋找新客戶，後10天維護老客戶。這完全是一個左腦與右腦進行經驗總結後得出的方法。維護老客戶就是要用雙方以前建立的良好關係獲得新的訂單。

高瑜在與老客戶謝總通話時，以閒聊的方式開始，直接作用於客戶的右腦，讓客戶覺得業務員是在關心自己，而不是向自己推銷東西。然後高瑜又以客戶工作辛苦、需要放鬆為由，邀請客戶來俱樂部健身。當客戶說「明天我就約幾個朋友過去打網球」時，高瑜捕捉到了這個機會，趁機詢問謝總的朋友有無會員卡，成功地讓雙方的話題轉移到自己的業務上來，展現了業務員高超的右腦水準。

在接下來的談話中,高瑜一直在使用自己的右腦,同時把客戶的思維也固定在右腦的使用上,最後成功推銷出 5 張會員卡。

由此可見,業務員想要獲得好的銷售業績,既要開發新客戶,還要發揮左右腦優勢,注意保持與老客戶的良好關係,挖掘他們的需求。

第三章
發揮右腦優勢：掌控銷售現場的技巧

案例8　學會察言觀色，讓顧客開心購買商品

小王是一家品牌服裝店的店員。某天早上，服裝店剛開門，就來了兩位顧客。一位是50多歲的中年婦女，一位是穿著時尚的年輕女子。

小王熱情地迎上去打招呼：「兩位要買什麼？」中年婦女對年輕女子說：「小婉，你看看有沒有喜歡的，阿姨買了送你！」

聽兩位顧客交流，小王了解這是準婆婆想幫兒子的女朋友買禮物。於是，小王指著掛在貨架上各式各樣的裙子說：「這些都是新款，各種尺寸都有，你們喜歡哪個可以試試。想要半身裙還是連身裙？」

兩人看著裙子不作聲。小王發現，這位準婆婆總是關注打折區，而女子卻總是看向新品區。幾分鐘過去了，細心的小王發現準婆婆想節約一點，買件便宜的，女子卻想買件新品，但兩人都不好意思先開口。

了解顧客的心理後，小王對準婆婆說：「這些裙子多數是去年款和較大尺寸的，您兒媳婦身材這麼好，應該選個好一點的。」接著，她又對女子說：「過段時間我們店裡會有週年慶，新款裙子有會員價，現在買不是很合適，您可以先看看本店活動專區的這些連身裙，我覺得這件黃色碎花裙很符合您的風格。」小王一邊說一邊把婆媳二人引向活動專區。

　　小王的一席話，使氣氛頓時熱絡起來，女子大膽地試穿喜歡的款式，準婆婆笑著給出參考建議。最終，二人買到了滿意的裙子，挽著手臂離開了。

◆ 案例分析：

　　善於察言觀色是與顧客溝通的一個重要技能，不僅對銷售行為有明顯的促進作用，而且對與顧客關係的改善也有明顯的作用。在這個案例中，服裝店店員小王就透過察言觀色掌握了不同顧客的心理，從而成功賣出一件裙子。

　　案例中，兩位顧客的年齡不同，小王透過細心觀察發現了她們不同的心理特徵：準婆婆想買便宜的，女子想買好看的。得出這個結論靠的是業務員的右腦能力，即要善於察言觀色，能準確判斷出潛在顧客的偏好和情緒。

　　當小王了解二人的不同心理後，及時調整了自己的對策，幫助顧客分析：便宜的裙子配不上女子，貴的裙子現在

買不合適，中間價位的剛剛好。這段話說出來讓兩位顧客都高興，最終付錢成交。我們不得不佩服這個店員的機智和聰明，而這一切都歸功於她及時發揮自己的右腦能力。

可見，在銷售過程中，業務員要善於發揮自己的右腦優勢，善於察言觀色，並根據顧客的年齡、職業、教育程度及購物時的情緒採取有效措施，這樣才能成功實現交易。

案例9　用事實說話，在演示中抓住勝機

某公司經銷一種新產品──適用於清洗機器設備、建築物的清潔劑。老闆分配工作後，大家紛紛帶著樣品去拜訪顧客。

依照過去的經驗，業務員向顧客推銷新產品時最大的障礙是顧客對新產品的效果、特色不了解，因而不會輕易相信業務員的說法。

但業務員趙中卻有自己的一套辦法。他前去拜訪的是一家商務中心大樓的負責人，他先對那位負責人說：「就貴公司而言，無論是從美觀還是衛生的角度來看，大樓的明亮整潔都是很重要的企業形象問題，作為大樓的負責人，您也是這麼認為的吧？」

那位負責人點了點頭。趙中又微笑著說：「我們的產品

是一種很好的清潔劑，可以迅速清潔地面，而且價格實惠。」說話的同時他拿出樣品，「您看，現在向地板上噴灑一點清潔劑，然後用拖把一拖，就乾乾淨淨了。」

他在地板上的髒汙處噴灑了一點清潔劑。清潔劑滲透到汙漬中，需要幾分鐘時間。為了不使顧客覺得時間長，他繼續介紹產品的效果以轉移客戶的注意力。「我們的清潔劑還可以清洗牆壁、辦公桌椅、走廊等處的汙漬。與同類產品相比，還可以根據髒汙程度不同，適量地用水稀釋，既經濟實惠，又不腐蝕、破壞地板、門窗等。」他伸出手指沾了一點清潔劑，「而且也不會傷害人的皮膚。」

說完，業務員指著剛才浸泡汙漬的地方說：「我們來看，就這一下子的工夫，清潔劑滲透到地面的孔縫中，使汙漬浮起，用溼布一擦，就乾淨了。」隨後他拿出一塊布將地板擦乾，「您看，多乾淨！」

接著，他掏出白手帕擦了一下清洗乾淨的地方：「您看，白手帕一塵不染。」又用白手帕在未清洗的地方一擦，說：「您自己看一看差別。」

趙中巧妙地把產品的優異效果展示給客戶看，客戶被產品強大的效果打動，於是生意成交了。

◆ 案例分析：

　　心理學上有個概念叫「劇場效應」，人在劇場裡看電影或看戲，感情與意識容易被帶入劇情之中，另外，觀眾也會互相影響，彼此感情趨於一致。因而，一些聰明的業務員把「劇場效應」運用到推銷活動中，同樣取得了較好的效果。他們當眾進行產品演示，邊演示邊解說，渲染了一種情景，直接作用於潛在客戶的右腦，讓那些本來有反對意見的人和拒絕該產品的人在右腦的影響下，做出購買的決定。

　　就像這個案例中的清潔劑業務員，面對客戶對產品不熟悉的情況，沒有單純地採用「說」的推銷方法，而是發揮了自己右腦的優勢，一邊為顧客演示產品一邊解說，把產品的效果充分展示給潛在客戶，當顧客的右腦感知到這真的是一種好產品時，生意也就成交了。其實，業務員演示的過程完全出於左腦的周密計畫，它透過右腦的形式有步驟地建立起一種氣氛，在一種虛化的感覺中，讓客戶做出決定。

　　可見，業務員一定要善於發揮右腦優勢，在演示中抓住機會，好的演示常常勝過雄辯。另外，在推銷過程中，如果能讓顧客親自操作，讓他們置身於情景當中，同樣是非常有效的辦法。

案例 10　隨機應變，用幽默化解尷尬

　　一位推銷鋼化玻璃酒杯的業務員向一大群客戶推銷他的產品。他先是向客戶進行產品介紹，接著開始示範表演，他本想把一個鋼化玻璃杯摔在地上，杯子卻不碎，以展示杯子的經久耐用。可是，他碰巧拿了一個品質不合格的杯子，他一摔，酒杯「砰」的一聲碎了。這樣的異常情況在他的推銷生涯中還沒遇過，真是令人始料未及，他自己也感到很吃驚，而客戶更是目瞪口呆。因為他們已經信服了業務員的說明，只不過是想再驗證一下。

　　面對如此尷尬的局面，業務員靈機一動，他壓住心中的驚慌，對客戶笑笑，用沉著而富有幽默的語氣說：「大家看，像這樣的杯子我是不會賣給你們的。」

　　大家一聽，都輕鬆地笑了起來，場內的氣氛又變得熱絡起來。業務員趁機又摔了幾個杯子，都沒有碎，一下子博得了客戶的信任，賣出幾十個杯子。更富於喜劇效果的是，對於推銷中的那個「失誤」，客戶都以為是業務員事先安排的，砸碎杯子只是「賣關子」，吊吊大家的胃口而已。

◈ 案例分析：

　　人的大腦中，左腦是負責深思熟慮的，右腦是負責現場發揮的。也就是說，當人們遇到重大的問題時，需要冷靜下來用較多的時間去思考，表現形式就是深思熟慮。但是，當遇到那些沒有預先計劃而發生的意外時，右腦實力就顯得非常重要了。在銷售過程中往往會發生一些突如其來的變故，這種「計畫趕不上變化」的情況常常出乎意料，使人陷入尷尬境地。這時候就需要業務員具備高超的隨機應變的右腦實力來應對這些意外，使之化「險」為「夷」。

　　就像案例中這個推銷鋼化玻璃酒杯的業務員，本想為客戶演示一下酒杯的品質，沒想到卻遇到了一個不合格的酒杯，讓現場非常尷尬。而機智的業務員用一句話就化解了這個尷尬的局面：「大家看，像這樣的杯子我是不會賣給你們的。」現場的氣氛又熱絡起來。出色的右腦實力在緊要關頭幫助業務員擺脫了尷尬的局面，成功銷售了產品。

　　可見，右腦實力對業務員來說是非常重要的，想要獲得良好的銷售業績，就必須提高自己的右腦能力。

第四章
洞察人性：駛入銷售成功的快車道

> 案例 11　製造產品短缺的緊張，讓客戶失去理性思考

皮特是一名從事廚具推銷工作的業務員，他常常能夠出奇制勝，銷售業績比其他人要高很多。

有一天，皮特敲了一戶人家的門，試圖向他們推銷自己的商品，開門的是房子的女主人。她讓皮特進入屋內，並告訴皮特說，她的先生和鄰居布威先生在後院，但她和布威太太樂意看看皮特的廚具。儘管要說服男人認真觀看商品展示是件非常困難的事情，皮特還是鼓勵兩位太太邀請她們的先生一起來看自己的商品，皮特承諾說她們的先生也會對展示的商品感興趣，兩位太太於是把她們的先生請了進來。皮特詳細、認真地向客戶展示他的廚具，用他的廚具煮蘋果，同時也用客戶家的廚具煮蘋果，最後皮特把差異指出來，這令客戶印象深刻。然而男士們仍裝作沒興趣的樣子，生怕需要

掏腰包買下皮特的廚具。這時，皮特看出展示並未奏效，便決定使用自己的絕招。皮特清理好廚具，將它們打包妥當，然後向客戶說：「很感激你們給我機會展示商品，我原本期望能在今天將自己的產品提供給你們，但我想將來可能還有機會。」

當皮特說完這句話時，兩位先生即刻對皮特的廚具表現出高度的興趣。他們兩人同時離開座位，上前詢問皮特的公司什麼時候可以出貨，皮特告訴他們自己也無法確定日期，但有貨時會通知他們。他們堅持說：「我們怎麼知道你不會忘了這件事？」

皮特回答說，為了保險起見，建議他們先付訂金，當公司有貨時就會為他們送來，但可能要等上1～3個月。他們兩人均爽快地從口袋中掏出錢來，向皮特支付了訂金。大約過了5週，皮特將貨送到了這兩戶人家手中。

◆ 案例分析：

透過產品短缺製造壓力在推銷中是一種比較有效的促進成交的方法，目的在於使客戶失去冷靜思考的機會，在倉促中做出採購決定。要理解這種推銷方法，就必須要了解人性的弱點。所謂專業銷售技能的理論發展是完全建立在對人性的透澈了解之上的，比如所有人最擔心的是被拒絕、越是不容易得到的東西越要得到等等。

就像這個案例中的廚具業務員皮特，開始時採取為客戶演示的推銷方法，詳細地向潛在客戶介紹產品的優越效果，這種方法直接作用於客戶的左腦，是一種左腦策略。但是客戶沒有決定購買，說明左腦策略失敗了。

皮特及時改變了策略，他整理好廚具，將它們打包妥當，然後說：「我原本期望能在今天將自己的產品提供給你們，但我想將來可能還有機會。」這一系列的言語和表現就是在替潛在客戶製造一種產品短缺的真空壓力，是一種右腦策略。果然，潛在客戶都表現出了很大的購買興趣，並預付了訂金。這是右腦策略的勝利。

可見，一個業務員如果懂得使用產品短缺替客戶製造壓力，其銷售成功率就會高於同行。

案例 12　學會左右腦切換，認可客戶的能力

王剛的工作是為房地產公司提供室內設計圖。他每週都要去拜訪一位著名的室內裝修設計師，推銷自己的作品，可是每次送上的設計圖，這位設計師只是草草一看，便一口拒絕：「對不起，我看今天我們又不能成交了。」

多次的失敗並沒有打擊到王剛。某天，他拿著自己創作

的六幅尚未完成的圖樣，匆匆趕到設計師的辦公室。這一次，他沒有提出向設計師出售草圖的事，而是說：「如果您願意的話，我想請您幫一點小忙。您能否跟我講一下如何才能畫好這些設計圖呢？」

設計師默默地看了一會，然後說：「三天後你來拿吧。」三天之後這位設計師很耐心地向王剛講了自己的構想。王剛按照設計師的意見完成的設計圖，全部被採用了。

◆ 案例分析：

人人都有引以為榮的能力，客戶也不例外。業務員想要獲得客戶的好感，就要虛心接受客戶那些「高明」的想法，讓客戶覺得，好的想法是客戶靠自己的能力想出來的。切記不要在客戶面前證明自己有多聰明，這樣才能為成功銷售產品奠定良好的基礎。

在這個案例中，王剛一開始沒有注意到客戶的這種心理需求，每次都是拿著自己設計的圖向客戶推銷，因而屢屢受挫。多次失敗之後他開始思考對策（左腦習慣）。之後，當王剛再次見到設計師時，改變了以往的推銷方式，而是說：「您能否跟我講一下如何才能畫好這些設計圖呢？」這是一種右腦策略的展現，它源於業務員已洞悉了人性中「自負」這一弱點，這個策略滿足了設計師的這一心理需求，讓客戶引以為榮的

能力得到了發揮,因此,最終成交也就在情理之中了。

可見,作為一名業務員,一定要尊重自己的客戶,使客戶認為自己在業務員眼中是個重要人物。尤其在推銷不順利時,一定要及時轉換思路,這樣才有成功的可能。

案例 13　用一枚不存在的戒指開創銷路

一對從鄉下來的夫妻在市區開了家小吃店,專營包子、饅頭。小倆口把店面裝修得很體面,包子皮薄餡多,饅頭體積都很大,開幕儀式也弄得有模有樣,貼了傳單,還放了鞭炮。可是,不知為什麼,連夜趕做出來的雪白又香氣四溢的包子、饅頭始終賣不出去,這可急壞了老闆。

做生意都講究開業大吉,以後才能生意興隆、財源滾滾。就在老闆和老闆娘坐立不安時,遠遠走來了一個年輕人。年輕人手裡拿著一本書,邊走邊讀,正向他們小吃店慢慢走來。

夫妻倆見來了顧客,同時起身相迎,老闆道:「您是我們開張後的第一個顧客,為了圖個吉利,我們免費供應餐食給您,您就盡量吃吧。」老闆娘還泡了一杯茶送了過來。

這年輕人也不多說話,邊吃邊喝,吃飽了,喝足了,起身付錢要走,小倆口怎麼都不肯收。一番推託,弄得年輕人很不好意思。老闆執意不收錢,年輕人也沒辦法,只好收起

錢，掃了一眼店面，說：「老闆和老闆娘如此熱情，我也就不客氣了。不過常言道：無功不受祿，你們看，我能幫你們做點什麼呢？」

夫妻倆一聽，不禁覺得好笑，心想：你這個肩不能挑、手不能提的讀書人，能幫我們做什麼呢？但又轉念一想：不對，俗話說得好，人不可貌相，不可小看人家，或許他還真能助我們一臂之力呢！

於是，老闆說：「貨真價實，薄利多銷，是本店立足的宗旨，可是你看，今天開張，您是我們唯一的顧客。您是這裡人，人熟路廣，能幫我們招來幾位顧客嗎？今天有顧客吃了我們的東西，明天我們就不愁沒有人替我們宣傳了。」

年輕人一聽，說：「沒問題，幫我拿筆和紙來，我幫你們寫個廣告貼上就行了。」夫妻二人的心頓時涼了半截，還以為年輕人有什麼好辦法呢，原來是寫廣告。開張大吉的廣告傳單早就貼出去了，至今都沒有顧客上門。

不過，既然他要寫，就讓他寫好了，別辜負人家一片熱心。於是他們拿來了筆和紙。

小夫妻倆沒指望這廣告能有什麼用，也就冷落了年輕人，忙自己的事去了。年輕人也不介意，寫好廣告，自己踩了條長凳，將廣告貼在店門上就走了。

不料，年輕人走後，顧客一個接一個地來了。起初，還

第四章 洞察人性：駛入銷售成功的快車道

只有幾桌人，後來店裡都坐不下了。

不到兩個小時，包子、饅頭就賣得一乾二淨。夫妻倆樂得合不攏嘴，懷疑自己遇到了神仙。

夫妻倆賣完了包子、饅頭，閒著沒事，就好奇地來到門口，想看看年輕人寫的到底是什麼內容。二人看完，不禁一笑。原來廣告上寫道——

各位顧客：

本店今日逢吉開業，昨夜由於緊張忙亂，老闆娘不慎將一枚 24K 金戒指揉進了麵粉裡，找了好久，沒有找到，敬請各位顧客食用本店包子、饅頭時務必小心。如果顧客吃進肚子造成事故，本店負責承擔一切醫療費用；如果哪位顧客發現了戒指，沒有誤食，此枚戒指我們權當禮物相送，不必歸還。

特此公告。

◆ 案例分析：

愛財是大部分人的心理特徵，在推銷商品的過程中，業務員可以巧妙地利用人的這個心理特徵促進銷售。

在此案例中，小吃店首日開張雖然貼了「開張大吉」的廣告，包子、饅頭品質也很好，但卻門可羅雀，可見，常規的銷售方法沒有激起人們的購買欲，銷售陷入了困境。

一位年輕人的出現，徹底打破了這種局面，他為老闆寫

了一個廣告，廣告貼出後不久，包子、饅頭就賣光了。其實，這個年輕人利用的正是人們愛財的心理，他虛構了戒指掉入麵粉的事直接作用於潛在客戶的右腦，讓他們失去了左腦的理性思考。既能吃饅頭，又有機會白撿個金戒指，這麼大的便宜哪裡找去，於是大家蜂擁而至，來了一群撿便宜的人，殊不知真正的便宜，還是讓店家「撿」去了。

因此，當在推銷中遇到愛財的顧客時，業務員不妨利用其這一心理，促成交易。

案例 14　讓客戶感受到「私人特製」的服務

喬治‧盧卡斯是一家銷售公司的總經理，他十分欣賞一個叫珍妮的商店老闆。他介紹說：「我妻子常在我回家前，要我『順道』去甲甜點店買東西。其實那家甜點店一點也不『順道』，停車又很麻煩。一來時間不夠，二來想省點汽油，所以我乾脆到另一家方便得多的商店購買。我的任務完成了？呃⋯⋯還差一點點。」

回家後，在妻子的追問下，喬治承認東西不是在甲商店買的。妻子為什麼對甲商店情有獨鍾呢？當喬治陪妻子購買糕點時，他找到了答案。

喬治看著她仔細尋找特價或是可退款的商品，比對折價

券和不同商店的價格表。「為什麼不到甜點區買個派呢？」喬治問。「我們到甲商店買。」妻子回答。到了甲商店，櫃檯前擠滿了快樂的顧客，人手一個號碼牌。他們是84號，現在才輪到56號。叫到他們的號碼時，妻子說：「我們等珍妮。」

珍妮向正要離去的顧客殷殷道謝，然後對喬治夫婦說：「您好，盧卡斯太太，今天需要什麼呢？」

「我要買一個派，」喬治的妻子說，「最好有櫻桃派，因為我兒子一家人今天要過來吃晚飯，他最喜歡櫻桃派。」

珍妮說：「今天到我們商店就對了，盧卡斯太太。早上我們才烘了最拿手的櫻桃派。」她走到展示架前，從十幾個櫻桃派中拿了一個，想了一下，又換了一個。回來時看著喬治妻子的眼睛，驕傲地說：「盧卡斯太太，這是為您特製的派。」

實際上，所有櫻桃派都是同時出爐的。但是喬治的妻子太滿意了，陶醉得寧可相信這是為她特製的、最好的櫻桃派。運用好成交技巧總會讓顧客滿心欣喜。

◆ 案例分析：

每個人都有希望被尊重的心理需求，如果想不斷地開拓新顧客保住老顧客，那麼就需要讓顧客感覺自己受到了重視、自己是獨一無二的，這樣可以提升顧客的忠誠度。

在這個案例中，甜點店老闆珍妮就是一個充分利用顧客

這種心理的成功經營者。面對老顧客，她能叫出顧客的名字，這時顧客的感覺是：這麼多顧客，老闆還能記住我的名字，看來我真的很重要。顧客的思維就停留在了右腦上。

接下來，為顧客拿派的時候，珍妮走到展示架前，從十幾個櫻桃派中拿了一個，想了一下，又換了一個。回來時看著顧客的眼睛，驕傲地說：「盧卡斯太太，這是為您特製的派。」這一系列的動作和語言，都是在向顧客傳遞這樣的訊息：你是特別的、獨一無二的，這個派真的是為你特製的。我們知道，右腦是感性的，當顧客的右腦蒐集到這些訊息時，當然就會高興起來，也就會憑自己右腦的感覺做出決策：我下次還要來這裡買。

由此可見，優質的服務是最令人難忘的，「特別的愛給特別的你」，讓顧客右腦感覺到自己是特別的，無疑是留住老顧客、培養顧客忠誠度的最佳武器。

第五章
運用智慧：實現銷售的巔峰突破

案例 15　逆向思維，讓客戶為產品定價

　　有這樣一位舊汽車銷售商彼得，他憑著智謀，把他的舊汽車市場經營得有聲有色，利潤也像溫度計掉進開水裡，不斷上升。

　　某天，一對夫婦來到彼得的汽車市場，看樣子，他們想買一輛車。彼得向這對夫婦推薦了許多品牌的車，費了不少口舌，然而，這對夫婦十分挑剔，總是這不稱心，那不如意。他們挑遍了彼得車庫裡存放的車子，但都不滿意，最後只好失望地空手而歸。彼得沒有流露出絲毫的不滿情緒，反而面帶微笑地把他們送到門口。在與他們告別時，彼得要他們留下電話號碼，表示有好車時就打電話告訴他們。

　　事情就這樣結束了，但是彼得的生意並沒有結束，他分析了這對夫婦的心理，決定改變策略。他決定不再竭力向他們推銷中古車，而是幫他們選擇合適的車，然後幫他們下定

買車的決心。

一個星期後,當一位要賣掉舊車的客戶光臨時,彼得決定試驗一下他的新策略。他打電話請來那對夫婦,並說明是讓他們來幫忙的。那對夫婦來了以後,彼得對他們說:「我了解你們,你們都是了解汽車的專家,今天請兩位來,主要是想請兩位幫忙估一下這輛車值多少錢。」這對夫婦非常吃驚,汽車銷售商竟然請教他們,這簡直不可思議。不過他們還是按照彼得的要求去做了,丈夫檢查了車子的每一個重要零件,還坐上去行駛了一段距離。然後他對彼得說:「如你能花5,000美元買下就不要再猶豫了。」

「假如我花5,000美元把它買下,你願意以相同的價格從我這裡買走它嗎?」彼得問道。「當然,我可以馬上買下來。」那位丈夫很乾脆地回答道。就這樣,這樁買賣很快就成交了。

◆ 案例分析：

讓客戶論證價格是左右腦銷售高手常用的一種方法,就是讓客戶自己估價,然後呼叫客戶的理性思考來論證這個價格是合理的,是有價值的,讓客戶相信自己的論證。這個案例就是一個透過讓客戶左腦論證價格而輕鬆成交的成功案例。

在此案例中我們可以看出,舊汽車業務員彼得很善於使用這個策略。在客戶第一次來看車時,雖然彼得向他們推薦

了很多車,但沒有讓他們非常滿意的,這說明這兩位客戶很善於使用左腦思考,是比較理性的,而且自認為是汽車方面的專家。彼得理解了這一點,於是改變了策略,以請客戶幫忙為由,讓客戶為一輛車估價,這就是在使用客戶的左腦進行價格論證,而讓對方論證就是用客戶的左腦來向他自己證明,從而快速地判斷並決定。因為客戶右腦已經形成了一個有價值的認知印象,於是左腦便衝動地、簡單地、快速地做了決策。正如彼得預料的那樣,客戶按照自己給出的價格,乾脆地買下了那輛車。

因此,當業務員在推銷過程中遇到類似的客戶時,不妨向彼得學習,充分使用客戶的左腦進行價格論證,讓客戶心甘情願地做出購買決策。

案例 16　找出同類產品的區別,把冰賣給愛斯基摩人

湯姆‧霍普金斯(Tom Hopkins)是世界著名推銷訓練大師,被譽為「世界上最偉大的推銷大師」。有一次,他在接受一家報紙的採訪時,記者向他提出一個頗具挑戰性的問題,要他當場展示一下如何把冰賣給愛斯基摩人。

於是就有了下面這個膾炙人口的銷售故事。

湯姆：「您好！愛斯基摩人。我叫湯姆·霍普金斯，在北極冰公司工作。我想向您介紹一下北極冰能為您和您的家人帶來的益處。」

愛斯基摩人：「這可真有趣，我聽到過很多關於你們公司的好產品，但冰在我們這裡可不稀罕，它用不著花錢，到處都是，我們甚至就住在冰塊裡面。」

湯姆：「是的，先生。注重生活品質是很多人對我們公司感興趣的原因之一，而看得出來您就是一個很注重生活品質的人。你我都了解價格與品質總是相關的，能解釋一下為什麼您目前使用的冰不花錢嗎？」

愛斯基摩人：「很簡單，因為這裡遍地都是。」

湯姆：「您說得非常正確，您使用的冰就在周圍。日日夜夜，無人看管，是這樣嗎？」

愛斯基摩人：「喔，是的。這種冰太多了。」

湯姆：「那麼，先生，現在冰上有我們——您和我，您看那邊還有正在冰上清除魚內臟的鄰居們，北極熊正在冰面上重重地踩踏。還有，您看見企鵝在水邊留下的糞便了嗎？請您仔細想一想。」

愛斯基摩人：「我寧願不去想它。」

湯姆：「也許這就是這裡的冰不用花錢的緣由。」

愛斯基摩人：「對不起，我突然覺得不太舒服。」

湯姆：「我了解。幫您家人的飲料中放入這種無人保護的冰塊，如果您想感覺舒服必須得先進行消毒，那您如何去消毒呢？」

愛斯基摩人：「煮沸吧，我想。」

湯姆：「是的，先生。煮過以後您又能剩下什麼呢？」

愛斯基摩人：「水。」

湯姆：「這樣您是在浪費自己的時間。說到時間，假如您願意在我這份合約上簽上您的名字，今天晚上您的家人就能享受到既乾淨又衛生的北極冰塊飲料了。喔，對了，我很想認識您的那些清除魚內臟的鄰居，您認為他們是否也樂意享受北極冰帶來的好處呢？」

◆ 案例分析：

推銷並不僅限於要把產品推銷給需要它的人，推銷的最高境界是，即使客戶擁有無數個同類的東西，只要你能夠深入思考，找出它與同類東西的差異，以情動人，以誠待人，就會使客戶產生購買欲。你應該盡量讓客戶覺得，即使他已經有了這個東西，但仍需要購買。

就像這個案例中的推銷大師湯姆‧霍普金斯，他要把冰賣給愛斯基摩人。眾所周知，愛斯基摩人生活在北極的冰天

雪地裡，根本不缺冰，想要把冰賣給他們，就必須深入分析，運用左腦思維找出冰與冰之間的差異。

　　冰的潔淨衛生就是湯姆推銷的切入點，「先生，這些冰上有我們——您和我，您看那邊還有正在冰上清除魚內臟的鄰居們……」這些對冰的衛生狀況的描述展現了業務員出色的左腦能力，即有效表達一個具體事物的能力，同時它刺激了愛斯基摩人的右腦，讓其在想像之下「覺得不太舒服」。然後又運用邏輯思維，透過詢問客戶幫冰消毒的方法，引導客戶進行左腦思考，最終，在左右腦的聯合作用下，刺激了顧客的購買欲，成功成交。可見，在銷售過程中，面對同類產品的競爭，業務員一定要能夠深入思考，找出產品自身的差異點。如果所找出的產品優勢是其他產品所不具備的，那麼此優勢就可能成為產品獨特的銷售方式，從而在產品銷售推廣過程中獨樹一幟。

案例 17　弄清客戶心理類型達成交易

　　一位打扮時尚的女孩走進一家服裝專賣店，仔細看著掛在衣架上的幾款T恤。她看了一會，從衣架上取下一件很有特色的T恤，又仔細端詳了一會說：「請問這個多少錢？」

「1,980元。」店員回答。

女孩試過之後說：「幫我包起來吧！」

為她包衣服的時候，店員習慣性地恭維了她一句：「小姐真有眼光，很多女孩都喜歡這款Ｔ恤。」那位女孩一聽此話，沉默了一會，然後微笑著對店員說：「抱歉，我不要了！」

沒想到，一句恭維的話反倒使顧客不購買了！

店員真誠地問：「怎麼了，您不喜歡這款嗎？」

「有點。」女孩也很真誠地回答，然後準備離開。店員立刻意識到，問題出在剛才那句恭維的話上，必須趕快補救。

店員趁她還沒走開，趕快問：「小姐，您能否告訴我您喜歡哪種款式的？我們這款Ｔ恤可是專門為像您這樣年輕時尚的女孩設計的，如果您不喜歡，請留下寶貴的意見，以便我們改進。」

聽了店員的話，女孩解釋道：「其實，這幾款都不錯，我只是不太喜歡跟別人穿一樣的衣服。」

「喔！原來這女孩喜歡與眾不同。」店員恍然大悟，於是說：「小姐，請您原諒。我剛才是說很多女孩都喜歡這種款式，但由於這款品質好，價格高，所以買的人並不多，您是這兩天裡第一位買這款Ｔ恤的顧客。而且，這款是限量款。」經過店員的一番爭取，那位時尚女孩最終買走了那件Ｔ恤。

◆案例分析：

銷售高手在進行推銷之前，一定要先了解顧客的心理類型，再採取相應的策略。如果因為沒有了解顧客的心理而造成銷售障礙，就需要業務員激發自己的左右腦能力，扭轉銷售僵局。

就像這個案例中的服裝店員，在看到一位時尚女孩挑選了一件T恤後，習慣性地恭維了一句：「小姐真有眼光，很多女孩都喜歡這款T恤。」本來這句話是想獲得顧客好感的，沒想到卻適得其反，顧客不購買了。造成這種情況的原因是顧客喜歡與眾不同，而店員沒有了解顧客的心理類型就盲目恭維，必然遭到顧客的拒絕。

接下來，店員的表現則充分顯示了她隨機應變的右腦能力和高超的語言藝術（左腦能力）：「小姐，您能否告訴我您喜歡哪種款式的？我們這款T恤可是專門為像您這樣年輕時尚的女孩設計的，如果您不喜歡請留下寶貴意見，以便我們改進。」正是這句關鍵性的話，使店員了解顧客的真實想法，然後又有個別性地解釋道：「我剛才是說很多女孩都喜歡這款T恤，但由於這款品質好，價格高，所以買的人並不多……」從這句話中我們也可以看出店員出色地運用了語言的技巧，最終達成了銷售目的。

從這個案例中可以看出，了解顧客心理的基本手段就是語言藝術的運用。透過各種有效的溝通技巧，業務員可以探知顧客的心理類型，洞悉顧客的心理活動，了解銷售障礙的形成原因，從而為使用正確的銷售技巧、促使顧客達成購買奠定基礎。因此，業務員一定要加強左右腦的訓練，提升自己運用語言的能力和現場發揮、隨機應變的能力。

案例 18　量化產品特點，缺點實在微不足道

萊恩是業內知名的金牌業務員。某天，一家房地產開發公司的老闆找到他，希望他能幫自己一個忙。這位老闆完成了一個大工程，這個工程共有 250 棟房子。如今，大部分的房子都售出了，只剩下 15 棟。這些未售出的房子距離鐵路軌道旁的路障只有 20 英呎遠，而每天火車要在這條鐵路上經過三次！幾個月過去了，那 15 棟房子仍然沒有售出，顯然，老闆已經有點心灰意冷了。他找到萊恩，開門見山地說道：「你會不會想讓我降低價格，然後把它們交給你。」

「不，先生，」萊恩反駁說，「恰恰與您說的相反，我建議您再把價格抬高一些。而且，我會在月底之前將它們全部售出。」

「都兩年半了始終無人問津，你竟說能在一個月內全部售

出?」老闆一點都不相信。

「當然,您必須按我說的去辦。」

「請直言。」老闆說著,身子很悠閒地靠在椅背上。

「您應該清楚,先生,如果一個不動產經紀人有房子出售,人們可以在任何時間前來看房。」萊恩開始向他講述,「好,現在我們不妨別出心裁。我們把這些房子連成一組,專門在火車通過的時候向客戶們展示。」

「上帝啊!」老闆說道,「那些該死的火車正是這些房子不能售出的首要原因啊!」

「別著急,聽我往下講。」萊恩冷靜地說,「我們規定這些房子只能在上午10點和下午3點參觀,這就引起了人們的好奇。我想我們應該在所展出的房子前面立一塊大的標語牌,上面寫上『這些房子與眾不同,進來才能知道其中的奧祕』。」

「然後呢?」

萊恩繼續道:「我希望您為每間房子安裝一臺64吋液晶電視。」老闆聽從了萊恩的建議,購買了十五臺液晶電視。

火車將於預定的「參觀」時間之後五到七分鐘通過。也就是說,在火車呼嘯而過之前,萊恩只有三分鐘的時間為客戶們講解。

「歡迎大家的光臨,請進!」萊恩向聚在門口的參觀者致

意,「我之所以請你們在這個時間到來,是因為我們這裡每棟房子,都有其與眾不同之處。首先,我希望諸位認真聆聽,並告訴我你們聽到了什麼。」

「我只聽到了冷氣的聲音。」有人回答。

顯然,萊恩的問題使聽眾們露出了一些疑惑不解的神色。他們的眼神分明是在說:「這裡究竟會發生什麼?這傢伙在玩什麼名堂?」

「這就對了。」萊恩回答道,「但是,如果我不提起的話,您或許永遠不會注意這些噪音,因為您的耳朵對它們已經習以為常了。然而,我敢說當您們第一次聽到它時,它一定使您煩躁不安,心神狂亂。您可以想一下,到處都有噪音,但它們卻不能困擾我們,只要我們對其習以為常。」

然後,萊恩把他們帶入客廳,指著擺放在那裡的液晶電視說:「房屋建築公司為您的家庭安裝了這臺64吋的液晶電視。他們是出於這樣的考慮,您如果在這裡居住後,將要每天拿出三次,每次60秒的時間來調整自己習慣於一種聲音,相信您可以習慣它。」

這時,萊恩打開電視,將其調到普通的音量,然後說:「不妨構想一下,您和您的家人就坐在這裡欣賞電視節目。」然後萊恩靜靜地等待火車的到來。在那60秒的時間裡,房子裡將出現轟隆隆的火車鳴笛聲,人人都可以清楚地聽到。

「各位,安靜!我想再次提醒您,火車會路過三次,每次60秒鐘,也就是說在每天24小時裡共有3分鐘。」萊恩十分客觀地說,「現在,問一下自己,『我是否願意忍受這點小小的噪音?顯然,我是可以習慣它的,因為可以換來這棟漂亮的別墅和這臺液晶電視。』」

正像萊恩承諾的那樣,還沒到月底,15棟房屋就全部售出了。

◆ 案例分析:

人類的左右腦在接收訊息、處理訊息、傳播訊息中的分工是明顯不同的。左腦接收數字訊息,精確、冷靜;右腦接收模擬訊息,模糊、熱情。在左右腦銷售中,如果能夠把產品的優缺點進行量化,讓客戶的左腦有一個準確的理解,就容易促使客戶做出購買決策。

就像這個案例中的房地產業務員萊恩,在推銷最後15棟房屋時,使用的就是將房屋的缺點量化的方法。這15棟房子臨近鐵路,火車每天經過三次。在以前的銷售中,業務員並沒有特別說明火車經過的次數及時間,於是客戶接收的訊息就是火車每天從這裡經過,噪音很大,這是客戶右腦感知到的模糊訊息。正是在右腦蒐集到的模糊訊息的作用下,客戶做出了拒絕購買的決策。

萊恩是精通左右腦銷售的高手，他一改以往試圖隱藏房子缺點的做法，把房子的缺點明確地告訴客戶：火車每天路過這裡三次，每次 60 秒鐘，即每天 24 小時裡共有 3 分鐘。這樣準確的數字訊息直接作用於客戶的左腦，讓客戶對這些房子的缺點形成了一個準確的理解，並進行理性的思考。

在此基礎上，萊恩還說服開發商在每棟房子裡安裝了一臺電視，只要購買房子，電視就免費贈送。我們知道，潛在客戶的左腦追求產品帶來的利益，當潛在客戶客觀地分析只要忍受一點小小的噪音就可以獲得更大的利益時，當然會做出購買的決策，15 棟房屋最後全部售出。

可見，在推銷時，無論是產品的優點還是缺點，都要盡可能地把它量化，讓客戶的左腦形成一個準確的理解，從而實現成交。

第二部分　技巧篇：掌握銷售中的左右腦應用法則

第六章
讀懂客戶心理：左右腦銷售的核心秘訣

案例 19　隨機應變，巧藉客戶軟實力拿下訂單

　　王建是一位負責電信綜合管理系統的業務代表，近日，他把一家郵電管理局列為自己的準客戶。要拿下這個客戶，他必須克服兩道難關：一是見到作為決策人的郵電管理局局長，二是見到負責實際處理的計畫處處長。王建拜訪了相關部門，但是一直沒有見到這兩位主管。

　　眼看著客戶就要寄出需求書了，王建必須在需求書寄出之前拜訪局長和計畫處的處長。於是王建的上司──業務經理劉文馬上從上海飛到客戶所在的城市，協助王建進行此次銷售工作。

　　劉文決定直接去局長的辦公室找他。郵電局上午8：30上班，王建和劉文8：15就到了局長的辦公室門口。這是見到局長的最好時機，等局長一開始工作，就很難打斷他了。沒多久，一個四十多歲的男士朝辦公室走來，兩人猜他就是

局長，於是趕快上前打招呼。

「請問，是胡局長嗎？」

「你是？」

「我是參與電信客戶綜合管理專案的XXX公司的業務經理，我叫劉文，我們是電信綜合管理系統的廠商之一。我昨天拜訪了電信處，今天就要離開了，所以在離開之前上門拜訪您。事先沒有預約，請您原諒。」

「我馬上要去開會了。」

「那好，我只占用您幾分鐘的時間。」

「不行，我現在就得走了，我的會議很重要。」

局長斬釘截鐵地拒絕了劉文的請求，他甚至不肯讓劉文他們進辦公室。如果這時離開客戶的辦公室，就很難再有機會拜訪他了，這趟就白跑了。可是局長已經講得很清楚，再糾纏下去就顯得無禮了。

「我今天就要回去了，您非常忙，我就不耽誤您的時間了。但是我能不能見一下相關部門，比如計畫處？」

「可以，這事歸他們管，你去找他們談吧。」

「他們好像也不方便接待。」

「誰說他們不方便，我打個電話給他們。」說完，局長拿出手機，「老陳，我這裡有兩個XXX公司的人去見你，你接

待一下。」

「你去見計畫處的老陳吧,他在四樓。」局長打完電話對他們說。

兩人連忙道謝,並與胡局長交換了名片,表示一定再次登門拜訪,握手道別之後,兩人直奔計畫處。

劉文和王建剛到門口,陳處長就親自迎了出來,還把他們迎進了貴賓室。寒暄過後,劉文進入了主題。

「陳處長,我們這次專程來拜訪您,是為了這次的電信客戶綜合管理系統的架設。我們希望能與貴局在這個專案中有合作的機會。您對這個專案有什麼要求呢?」

「電信客戶綜合管理系統?這個專案歸電信處和資訊中心管。」

「您說得沒錯,電信處是最終的使用部門,資訊中心負責設計和以後的維護。計畫處現在還沒有參與進來,但重要的專案都要經過計畫處把關,這個專案是明年政府提高客戶服務品質的重點,是一個非常重要的專案,在關鍵時刻,您一定也會幫助他們把關,是嗎?」

「那是下一步的事情了。」

「我同意您的說法,作為一個供應商我們非常想聽聽您對這個專案的看法,因為您的意見對這個專案的發展非常重要。而且剛才胡局長也讓我們跟您談談,他也非常重視您的觀點。」

「是嗎？胡局長這樣講？」

「對呀，要不然他為什麼打電話給您呢？我看在這個專案中您的意見很重要。您對這個專案的看法是什麼呢？」

陳處長聽聞胡局長也很重視自己的觀點，於是就向劉文講了自己的想法，又叫來相關人員介紹了專案的情況。一個半小時之後會談結束，劉文邀請陳處長共進午餐，陳處長接受了邀請。

◆ 案例分析：

在銷售過程中，沒有一位客戶會輕易答應業務員的要求，但只要業務員能夠正向思考，找到有效的方法，就沒有一位客戶始終固執地拒絕。

在這個案例中，王建作為公司的業務代表，準備拿下一家郵電管理局作為自己的客戶，但是他遇到了很大的困難：嘗試了幾次也無法見到客戶的關鍵決策人物，時間緊迫，情況不樂觀。

王建的上司——業務經理劉文馬上從上海趕過來，和王建一起使用直接拜訪的策略。但是胡局長因為要開會拒絕他們的拜訪，眼看就要白跑一趟了，劉文急中生智要求見相關部門（右腦思維），胡局長欣然同意，還幫他們打電話給計畫處。這個電話的作用非同小可，計畫處陳處長親自接待，與

以前避而不見的情形完全相反。

在與陳處長的交談中，面對陳處長的推託之辭，劉文又發揮了自己右腦思維的優勢，巧妙地提到了胡局長，利用胡局長對陳處長施加影響。果然，陳處長的態度有了很大轉變，由拒絕變得配合起來，下面的交談就更加順暢了。

人的右腦是有關處世能力的，在錯綜複雜的人際關係裡，業務員充分發揮自己右腦的優勢，巧藉各種力量之間的影響，從而使客戶順從自己的意志，這是推銷成功的關鍵。

案例20　讓客戶親自感受產品差異

有一位客戶想在 A 家具店購買一張辦公椅，A 業務員帶客戶看了一圈。

客戶：「那兩張椅子的價錢分別是多少？」

A 業務員：「那張較大的是 3,000 元，另外一張是 6,500 元。」

客戶：「這一張為什麼比較貴，我覺得它應該更便宜！」

A 業務員：「這一張的進貨成本就要 6,000 元，只賺您 500 元。」

客戶本來對那張 3,000 元的椅子有興趣，但想到另外一

張居然要賣 6,500 元，覺得這張 3,000 元的椅子一定是粗製濫造，因此就不敢買了。

客戶又走到隔壁的 B 家具店，看到了兩張同樣的椅子，打聽了價格，同樣是 3,000 元和 6,500 元，客戶好奇地請教 B 業務員。

客戶：「為什麼這張椅子要賣 6,500 元？」

B 業務員：「先生，請您兩張椅子都試坐一下，比較看看。」客戶按照他說的，兩張椅子都試坐一下，一張較軟，一張稍微硬一些，坐起來都滿舒服的。

B 業務員看客戶試坐完椅子後，接著告訴客戶：「3,000 元的這張椅子坐起來比較軟，您會覺得很舒服，而 6,500 元的椅子您坐起來感覺不是那麼軟，這是因為椅子內的彈簧數不一樣，6,500 元的椅子由於彈簧數較多，絕對不會因變形而影響到您的坐姿。不良的坐姿會讓人的脊椎側彎，很多人腰痛就是因為長期坐姿不良引起的，光是多出的彈簧成本就近 3,000 元。而且，您看這張椅子的旋轉支架是純鋼的，它比一般非純鋼的椅子壽命要長 2 倍，它不會因為過重的體重或長期的旋轉而磨損、鬆脫，如果這一部分壞了的話，椅子就報廢了。因此，這張椅子的平均使用年限比那張多 2 倍。」

「另外，雖然這張椅子外觀看起來不如那張豪華，但它完全是依照人體結構設計的，坐起來雖然不是很軟，但卻能

讓您坐很長時間都不會感到疲倦和腰痠背痛。一張好的椅子對長年累月在電腦桌前辦公的人來說，實在是非常重要。這張椅子雖然看上去不那麼高檔，但卻是一張精心設計的好椅子。老實說，那張3,000元的椅子中看不中用，使用價值沒有這張6,500元的大。」

客戶聽了B業務員的說明後，買下了6,500元的椅子。

◆ 案例分析：

在銷售失敗的案例中，價格沒有達成共識是一個很重要的原因。這個案例就是針對價格問題設計的，教大家如何運用左右腦技巧的策略來化解顧客的價格異議。

在這個案例中，A家具店的A業務員面對客戶的價格質疑，採取了常規的解釋方法，這當然不能令客戶滿意，並且還在客戶的頭腦中形成了便宜椅子品質不好的想法，銷售必然以失敗告終。

當客戶來到B家具店，面對客戶同樣的價格質疑，B業務員採取了截然不同的銷售方法，他首先讓客戶坐到椅子上親自體驗一下兩張椅子的不同，從而在客戶的右腦中建立對兩張椅子的初步理解。在此基礎上，他利用自己的左腦優勢，深入分析了兩張椅子的不同之處以及貴椅子的種種好處，從而張客戶的思維從右腦（考慮價格）轉移到左腦（考慮價值），並且

取得了客戶的認同，成功地銷售了一張 6,500 元的椅子。

　　成功的業務員都應該知道，通常情況下，顧客用左腦考慮可以得到多少價值，而右腦會首先對價格做出反應。這時候就需要業務員能夠讀懂客戶的左右腦，並且靈活運用左右腦，以實現銷售的目的。

案例 21　掌握好技巧，輕鬆轉移潛在客戶現有忠誠度

　　小宋是 XX 報的廣告業務員，上星期拜訪了一位客戶，但並未成交，今天他打電話給這位客戶，打聽對方的意願。

　　業務員：「李總，您好，我是 XX 報的小宋，上週四我到貴公司拜訪過，我們說好今天把廣告定下來，您打算做 1/3 版還是 1/4 版？」

　　客戶：「我們一直都在 A 報紙上刊登廣告，合作很久了。」

　　小宋：「那真的是不錯！你們滿意那家報紙嗎？」

　　客戶：「還不錯！滿好的。」

　　小宋：「是什麼最令你們滿意呢？」

　　客戶：「他們的版面費比較低。」

　　小宋：「李總，我們的版費是標準版費，同行業都是這個

標準，而且我們報紙的發行量是屈指可數的。您在其他家報紙上做幾個廣告合起來的發行量還不如我們一家報社，費用卻高多了，您說是吧？」

客戶：「嗯，這……」

小宋：「您就別猶豫了，您看是做 1/3 版，還是 1/4 版？」

（客戶沉默了 10 秒後）

小宋：「李總，您是知道的，目前有很多客戶都想做頭版，您要是再遲疑的話，就錯過後天的版面了。今天是最後一天的樣式定稿，您看您什麼時候方便把資料傳給我？」

客戶：「那好吧，我先看看。」

◆ 案例分析：

當你打電話給潛在客戶的時候，總會遇到這樣的答覆：「我很滿意目前的供應商。」其實，仔細分析一下客戶答覆中所說的「滿意」，這個意思可能是 120％ 的滿意，也可能僅僅是 55％ 的滿意，甚至有可能是採購人員不願意改變現狀而已。所以，絕大部分的潛在客戶會說：「我很滿意目前的供應商。」90％ 的客戶不願意更換供應商，只是因為他們覺得這是一件費時的事情而已，並不是對現在的供應商就真的滿意。所以這就到了考驗業務員右腦能力的時候了。

案例中的小宋正是理解了客戶所說的「滿意」的含義，所

以，他並未繼續介紹自己報紙的優勢，而是說：「那真的是不錯！你們滿意這家報紙嗎？」目的就是要確定該潛在客戶到底對現在的供應商有多滿意，接下來又追問客戶滿意的原因，這是一種獲得對方理解以及認同的右腦技巧。

在得到客戶的回答是「版面費比較低」時，小宋終於了解了客戶滿意程度的真實性，於是他開始使用自己的左腦，詳細分析自家報紙更具優勢的方面，比如發行量很大，使客戶理解到自家報紙的版面費並不高，最後取得了客戶的認可。

所以，面對類似客戶的拒絕時，業務員可以先採用右腦技巧，探知客戶滿意度的真實性，然後利用左腦能力說服顧客，轉移潛在客戶現有的忠誠度，從而達到替代其目前供應商的目的。

第七章
全腦思維：銷售服務中的智慧應用

案例22　了解客戶處境，用貼心打動客戶

　　瑞恩是英國一家企管顧問公司的業務主管。幾天前入冬了，天氣寒冷，他難得起得早，就提前去了公司。

　　距離瑞恩上班時間還有一個半小時，再加上當天非常寒冷，瑞恩很想在公司附近找家咖啡店喝杯熱咖啡。他找到了幾家，所獲得的都是「還沒開始營業」或者是「八點鐘再來吧」之類的回答。

　　瑞恩早晨的好心情因這幾家咖啡店的態度而變得糟糕。他又走進一家咖啡店，問：「開始營業了嗎？」對方說：「開始了，請進、請進，外面冷。」

　　其實這家咖啡店離營業時間還有20分鐘，但是店員能夠設身處地地替顧客著想，招呼瑞恩進去，並且對他說：「先生，不好意思，您的咖啡還在準備中，請先看一看報紙，稍等一下，」說著遞過來一份《都市早報》，「您在哪裡工作？上

班路程遠嗎？最近天氣滿冷的，要多穿衣服啦！」和室外的寒冬相比，這家貼心的咖啡店令人倍感溫暖。

10分鐘後，一杯熱騰騰的咖啡送到瑞恩面前。「先生，不好意思，讓您久等了，請慢用。」瑞恩心裡產生陣陣暖意，暗暗決定，以後都到這家咖啡店來消費。

用完咖啡後，瑞恩要求買單，店員微笑著對他說：「先生，您是本咖啡店今天的第一位顧客，我們又耽擱了您一些時間，因此，您的咖啡只需付一半的費用，以表我們的歉意。謝謝您光臨本店。」

從那以後，瑞恩不僅自己經常光顧這家咖啡店，而且還推薦同事們去。

◆ 案例分析：

對於任何一個力求發展的公司來說，每一位顧客都是最有價值的資產。從與顧客的第一次接觸到以後的每次聯絡，都要真誠對待顧客，處處為顧客著想。只有這樣，才能贏得顧客右腦的認可。

在此案例中，瑞恩因出門較早，想要喝杯熱咖啡暖暖身子，卻因為營業時間未到而接連被幾家咖啡店拒絕，這讓瑞恩覺得很不舒服。這幾家咖啡店看似是在按照規定辦事，其實是不懂變通、右腦能力缺乏的表現，他們的這種做法也直接作

用於顧客的右腦,當顧客的右腦連續感知到這些令人不愉快的訊息後,當然不會滿意他們的服務。

當瑞恩走進最後一家咖啡店時,受到了熱情的接待,店員不僅給予了瑞恩真誠的問候和關心,結帳時還只收取了一半的費用。這樣的服務可以稱為是一種「溫暖人心」的服務,了解顧客的心情和處境,變通一下,顧客當然會感動不已,從而獲得顧客右腦的認可與信任。

案例23　滿足個別化需求,建立客戶忠誠度

由於業務關係,國輝經常到外地出差,入住的都是星級飯店,他始終認為類似的飯店沒有太大的區別,因此,對所有的飯店都沒有特別的感情。但最近的一次住宿經歷卻改變了他的看法。

那次,他到外地出差,入住了當地一家四星級飯店,因為晚上和幾個朋友聚會,回到飯店時已經是晚上10點了。當走過大廳的時候,他腳往前一跨,發現聲音不對,一看,鞋底掉了。他撿起來看了看,皺起了眉頭,心想,這可怎麼辦。後來又想算了,都這個時間了,外面還下著雨,男士皮鞋底薄一點無所謂,也沒人會注意。但往房間走的時候他又想,到櫃臺問一下吧,或許有辦法呢!

於是他走到櫃臺，說：「我的鞋底掉了，您看能幫我想個辦法嗎？」

服務生說：「這樣吧先生，您把房間號告訴我，然後先回去，我們馬上跟您聯絡。」

國輝剛回到房間，電話便打來了。「先生，是您剛才說鞋底掉了嗎？」

「對的，是我。」

「那您稍微等一下，我們服務生上去看看。」

沒多久，服務生上來了，拿了一個袋子把他的鞋子和鞋底裝走了。國輝心想，他有什麼辦法呢？這都快 11：00 了，百貨公司和修鞋店都關門了。外面陰雨連綿，飯店裡面只有值班的，也不可能有專門修鞋的人呀！

就在他準備休息時，服務生把鞋送回來了，一邊拿出來給他看一邊向他解釋。

服務生說：「先生，我們想了各種辦法，最後用了最原始的方法，點了一盞酒精燈，用刀片燒一燒再燙一燙鞋掌，這樣黏上。」

國輝聽完，看著完好的鞋子，非常感動。

接著，服務生又說：「先生您另外那隻鞋子呢？」國輝說：「那隻鞋底沒有掉。」

服務生說：「外面一直在下雨，您的鞋子都濺髒了，我一

起幫您擦一下吧！」

　　國輝心裡很感動，當時就想：這種情況要給小費了。等服務生把鞋子擦乾淨了，他趕快掏出幾百塊錢說：「您辛苦了，一點小意思。」

　　服務生說：「先生，您誤會了，這是我們應該做的，我們不收小費。」

　　國輝說：「你三更半夜為我在這裡操勞，我也過意不去。」

　　服務生說：「您真是弄錯了，我們不收小費的，這是我們應該做的，您看還有什麼需要我幫忙的？如果沒有的話，您就早點休息，我先出去了。」

　　這件事讓國輝非常感動，服務生的言行也讓他發自內心的敬重。服務生出去之後，國輝看到房間裡有客戶意見表，他就把事情的經過完整地寫了一遍，然後別上名片，第二天放到了櫃臺，他想，這樣對那個服務生大概會有一點幫助，以後再來這裡出差，一定首選這家飯店。

◆ 案例分析：

　　為客戶提供個別化服務，滿足客戶的個別化需求，是市場競爭的需要，同時也會讓客戶對企業及業務員形成依賴感。如果客戶對你沒有依賴，他就不可能成為你的忠誠客戶。而要建立這種依賴，不是靠產品和業務，而是靠超越了業務範

疇的個別化服務。這個案例就是一個透過滿足客戶個別化需求而贏得客戶忠誠的典型案例。

在此案例中，國輝晚上 10 點回到下榻的飯店時，發現自己一隻鞋的鞋底掉了，他抱著試試看的心態找到飯店的櫃臺，看看他們有沒有什麼辦法。出乎意料的是，飯店在看似沒有辦法解決的情況下，還是幫他把鞋修好了，而且把另一隻鞋也擦乾淨了，最後還不收小費，這一系列的舉動讓他大為感動。

我們知道，人的右腦是感性的，右腦對人們行為的指令是模糊的，是透過印象來指揮行動的。這家飯店的個別化服務正是針對了客戶的右腦，讓客戶的右腦感知到飯店的優質服務理念及飯店員工強烈的服務意識和服務精神，進而建立了客戶忠誠。

由此可見，能夠滿足客戶個別化需求的優質服務才是市場競爭最有力的武器，企業及業務員一定要強化自己的服務意識，提升自身素養，只有這樣，才能讓客戶的右腦對你形成依賴，建立起持久的忠誠。

案例24　客戶至上，永遠替客戶著想

瑞特是紐約的一位成衣製造商，他打電話給保險公司說，要把自己10,000美元的保險立即停保，要求保險公司退款。如果這樣的話，這張保單只值5,000美元。有好幾位業務員都跟瑞特說：「您現在這樣做很不划算。」他們這樣說也是為瑞特考慮，似乎並沒有什麼問題。但是瑞特還是堅決要求退保：「不必囉唆，把5,000美元還給我就是啦！」

里德──公司的業務高手之一，此時正在跟該區的業務經理聊天，一位業務員進來請經理簽支票，以支付給紐約的瑞特。

經理簽了支票，搖著頭說：「這位紐約保戶，真拿他沒辦法，既頑固又不講理。」

里德問：「我比較好奇出了什麼事。」

「這位老兄，一定要把保單退掉，即使損失5,000美元，也堅持要收回現金。」

里德一聽，來了興趣，說：「我恰好明天要去紐約，順便幫你們送去這張支票如何？」

「那太感謝了，我們是求之不得的。但是，老兄，您這是在替自己找麻煩呀！他在電話裡的口氣就好像要殺掉我才罷休，這個人好像恨透了保險業務員。只是給您一句忠告：不

必浪費時間去說服他。」

里德當即打電話給瑞特，瑞特要里德把支票寄過去，但里德堅持把支票親自送過去，瑞特也就同意了。雙方約定了見面的時間。

兩人剛一見面，瑞特就開口要支票。里德說：「您能不能給我 5 分鐘的時間，我們談一談？」瑞特一聽，火氣就冒出來了，大聲說：「你們這些人都是這個樣子，談、談、談，不停地談。你知道我等這一筆錢等得有多急嗎？我告訴你，我已經等了 3 個禮拜啦！現在還要耽誤我 5 分鐘嗎？我沒有時間跟你磨蹭。」

瑞特又開始大罵之前所有聯絡過他的業務員，連里德也罵了進去。里德耐心地聽著他的高聲辱罵，有時還附和他幾句。里德這樣的態度，反倒讓瑞特覺得不好意思了，慢慢停了下來。

從瑞特的反應中，里德已經猜到，他一定是遇到了什麼急事，急著用錢。因為，作為商人的瑞特，不會不知道放棄保單意味著多大的損失，但他還這樣強烈地要求，必定有他的原因。

等瑞特安靜下來後，里德說：「瑞特先生，我完全同意您的看法，實在抱歉，我們沒有為您提供最好的服務，我們公司應該在接到您電話後的 24 小時內就把支票送來。現在我把

支票帶來了，有一點我不得不說明，您在這時候停保，損失很大。這是您要的錢，請收下！」

瑞特收下支票，說：「你說得沒錯，我要退保，就是為了要拿到這5,000美元，好周轉我的資金，可你們公司就是不能爽快地把我的錢還我，哼！既然支票已經拿來了，現在你可以走了。」

里德沒有走，他說出的一番話，讓瑞特大吃一驚：「您只要給我5分鐘的時間，我就告訴您如何不必退保，還能拿到5,000美元。」

「別騙我！」瑞特雖然不相信，但還是忍不住想知道，「說吧，我看你還有什麼把戲。」

「如果您把保單做抵押向我們公司借5,000美元的話，只需要付出5％的利息，而保單繼續有效。並且，在這種情況下，如果發生什麼意外的話，本公司仍然付5,000美元賠償金給您。這樣您不但可以拿到救急的錢，還可以繼續擁有您的保險。」

瑞特一聽這個辦法，馬上對里德說：「謝謝您，這是支票，麻煩您幫我辦理這個業務。」

就這樣，里德挽救了10,000美元的保單。

半年以後，里德又去拜訪瑞特，瑞特的財務危機已經過去。里德為瑞特詳細規劃他的保險問題，贏得了瑞特的認

同,瑞特欣然買下一張20萬美元的保單。

在隨後的半年裡,里德又賣給瑞特兩筆抵押保險以及一筆意外險。

又過了半年,瑞特第二次從里德那裡購買了一筆人壽大單。

◆案例分析：

業務員推銷的不僅是產品,還包括服務。推銷工作不能就產品論事,也不能就一時利益論事,而是要以服務的原則讓客戶覺得你永遠在關心他們,只有這樣,才能讓客戶長期購買你的產品。這個案例就是一個發揮左右腦優勢為客戶提供優質服務的實戰案例。

在此案例中,客戶瑞特要求退保,但在這時退保他會有很大的損失,保險業務員里德在得知客戶瑞特要求退保的消息後,主動請求替瑞特送支票,他的目的就是想要了解一下客戶退保的真正原因(優秀的左腦習慣)。面對情緒非常不好的瑞特,里德並沒有急於發表意見,而是附和他的話(展現業務員高超的情緒判斷能力、溝通能力,直接作用於客戶的右腦),這讓瑞特的情緒逐漸穩定下來,並且「感覺不好意思了」,里德右腦策略的效果顯現出來。

當里德了解到瑞特退保的原因是由於資金周轉不過來後,

又利用自己的專業知識，向他提出了一個既不用退保，又能得到周轉資金的好辦法（左腦能力的展現），並得到了瑞特的認可。

里德為客戶挽救了 10,000 美元的保單，原因在於他是以服務客戶的準則來處理這件事情的。一般的業務員，只是告訴瑞特，「你放棄保單會遭受損失」，瑞特也了解這個道理，所以這個訊息是無用的訊息。而里德的做法是找到瑞特放棄保單的真正原因，然後想辦法幫他解決，這就是服務精神。

正是這種直接作用於客戶右腦的優質服務，讓瑞特成為里德的長期客戶。

可見，業務員想要獲得客戶的長期認可和忠誠，就一定要激發左右腦的能力，永遠抱著服務客戶的準則。當一個業務員始終用優質的服務包圍客戶時，競爭對手就無法踏入他的客戶的大門。

案例 25　絕不只為銷售而服務

安娜是美國一家房地產公司頂尖的經紀人之一，她一年的銷售額高達 1,000 萬美元。她的座右銘是：絕不只為銷售而服務。

某天，一對夫婦從外地駕車來到羅克韋爾市，想在羅克韋爾市買一棟房子並定居下來。

經人介紹，這對夫婦找到安娜，安娜熱情地接待了他們。然而，安娜並沒有刻意地急於銷售某棟房子給他們，而是帶他們參觀社區、樣品屋，介紹當地的生活習慣、生活方式，還帶他們參加了小城的節日，讓他們免費享受熱狗、漢堡、飲料。傍晚時分，滑水隊伍在湖上表演，市民則在船上的小木屋裡吃晚餐。隨後，安娜帶這對夫婦去廣場看五彩煙火，然後又去百貨公司，這裡的購物環境非常好，價格也非常合適；最後他們來到了社區內最好的學校。

當這對夫婦決定在湖畔購買一套價值60萬美元的房子後，安娜的服務仍在繼續著：協助客戶聯絡醫生、律師、清潔公司，幫助客戶聯絡女兒的上學事宜，以及幫客戶買電器等等。

安娜通常會在每年的聖誕假期為自己服務過的客戶舉辦一場盛大的宴會，從紐約請5～7人的樂隊進行演奏，準備香檳、飲料、鮮嫩的牛肉片和雞肉，提供各種型號的晚禮服。安娜舉杯向客戶敬酒，感謝客戶們的支持與信任，祝福客戶生活得更美好。她會與每一位客戶溝通，問對方是否需要幫助，並承諾以後會提供更好、更優質的服務。安娜還會在門口放許多禮物，比如掛曆、鋼筆、毛巾、書籍等實用的小東西，讓客戶離開時隨意取走。

安娜的優質服務為她贏得了客戶的讚揚和令人驚嘆的銷售業績。

◆ 案例分析：

銷售是服務的雙胞胎姐妹，銷售和服務是相輔相成的，有好的服務，必有好的銷售業績。

只為銷售而做的服務帶有目的性，客戶不是傻瓜，如果公司只想賺客戶的錢，那麼公司一定賺不到錢。任何帶有目的性、動用心機的服務都不是好的服務。相反，不為銷售而為客戶做的服務，才是一種真誠付出的表現，只有這種無私的服務才會打動客戶的心。因此，對於業務員來說，只有把銷售融入服務當中，才能讓客戶在左右腦同時作用下做出購買決定。

就像這個案例中的房地產經紀人安娜，她就真正做到了「絕不只為銷售而服務」。在與客戶見面後，她沒有直接介紹房子，而是先帶他們參觀周圍的環境、設施，了解當地的文化，這些有效資訊匯集到客戶的左腦，讓客戶有充分的時間分析、思考是否適合在這裡居住。當客戶決定購買後，安娜還提供很多與房產無關的服務，這讓客戶感覺到安娜不只是為了賣房子才為他們提供這麼優質的服務，進一步對她產生好感和信任。

她每年專門為客戶舉辦聖誕宴會，始終與客戶保持著良好的關係，並隨時準備為客戶提供更好、更優質的服務，這些都直接作用於客戶的右腦，讓客戶在需要幫助時馬上想起她。

安娜是一位客戶服務專家，更是一位左右腦銷售高手。她的高明之處在於能把銷售融入服務當中，從而使銷售變得沒有痕跡。作為業務員，想要獲得很好的銷售業績，要向安娜學習，要知道，優質的服務往往能達到四兩撥千斤的作用。

第八章
用感情連接：與客戶建立深厚關係

案例 26　用心關愛客戶，你會有意外收穫

　　安娜是一名證券公司的業務員，她經常去拜訪一位老太太，打算以養老為理由說服老太太購買債券。為此，安娜常常與老太太聊天，陪老太太散步。一段時間後，老太太竟有點離不開安娜了，常主動請她喝茶，或者找她談投資的事。然而不幸的是，老太太突然去世了，安娜的生意徹底泡湯了，但她仍然去參加了老太太的喪禮。當她抵達會場時，發現自己的競爭對手——另一家證券公司也送來兩個花圈，她很納悶：這究竟是怎麼一回事呢？一個月後，那位老太太的女兒到證券公司拜訪安娜，說她的愛人是另一家證券公司某分公司的經理。她告訴安娜：「我在整理母親的遺物時，發現好幾張您的名片，上面還寫了一些十分溫馨的話，我母親很小心地保存著。而且，我以前也曾聽母親談起過您，彷彿與您聊天是她生活中的快樂，因此今天特地前來向您致謝，感

謝您曾如此關心我的母親。」

老太太的女兒深深鞠躬，眼角還含著淚水，又說：「為了答謝您的好意，我要在您這裡購買債券，當然，我丈夫並不知道此事。」然後她拿出40萬元現金，請求簽約。對方這一突如其來的舉動，令安娜大為驚訝，一時之間，無言以對。

◆案例分析：

作為業務員，不僅僅是在推銷產品，更重要的是要建立與客戶的情感關係。關愛客戶是每個業務員都應該做到的，你對客戶付出的關愛越多，客戶就會越感激你，並會以你期望的方式回報你。這個案例就是以愛心致勝的典型案例。

在案例中，安娜為了推銷債券，經常去拜訪一位老太太，但她沒有直接向老太太推銷自己的產品，而是常常陪老太太聊天、散步，時間長了，老太太對她產生了一種依賴心理。這是一種典型的右腦策略，透過關心老太太的生活，讓老太太在心理上接受她、信任她，然後再推銷自己的產品。

但不幸的是，老太太突然離世了，安娜認為這次生意一定完了，但老太太女兒的出現，卻讓她獲得了40萬元的生意。原來，老太太經常在女兒面前提起安娜，為了表示對安娜的感謝，她的女兒瞞著丈夫向安娜購買了價值40萬元的債券。這是安娜右腦策略的勝利。

所以，不要以為客戶需要你的產品才會購買，有時客戶並不需要你的產品，但如果你發揮右腦優勢，付出了令他們感動的關心和愛護，他們為了回報這份關愛，也會購買你的產品。

案例 27　用真情打動客戶

瑪麗是一家雪佛蘭汽車專賣店的業務員。某天，有一位中年婦女走進瑪麗的展示間，說她只想在這裡看看車，打發一點時間。原本她想買一輛福特轎車，可是那位業務員卻讓她一小時以後再去。另外，她告訴瑪麗，自己已經決定買一輛白色的雙門箱式福特轎車，和她表姐的那輛一樣。她還說：「這是我給自己的生日禮物，今天是我55歲生日。」

「生日快樂，夫人！」瑪麗說完，又找藉口說要出去一下。回來的時候，瑪麗對她說：「夫人，既然您有空，請允許我介紹一種我們的雙門箱式轎車──也是白色的。」

大約15分鐘後，一位女祕書走了進來，遞給瑪麗一束玫瑰花。「這不是給我的，」瑪麗說，「今天不是我生日。」瑪麗把花送給了那位夫人。

「祝您生日快樂，尊敬的夫人！」瑪麗說。

顯然，那位夫人很感動，眼眶都溼了。「已經很久沒有人

送花給我了。」她對瑪麗說。

閒談中,她對瑪麗講起她想買的福特轎車。「那個業務員真是差勁!我猜他一定是因為看到我開著一輛舊車,就以為我買不起新車。我正在看車的時候,那個業務員突然說他要出去收一筆欠款,叫我等他回來。所以,我就來你這裡了。」

最後,這位女士在瑪麗這裡買了一輛雪佛蘭轎車。

◆ 案例分析:

任何一位顧客都討厭不被重視,業務員把顧客晾在一邊,那顧客當然會讓他的生意失敗。重視每一位顧客,並且讓顧客感受到這種重視,這樣顧客才會接受你。這個案例就是一個用情感打動顧客的實戰案例。

案例中的女顧客本來想購買一輛福特轎車(左腦決策),但福特車行的業務員卻並未熱情接待她,只是因為看到她開了一輛舊車,就以為她買不起新車。這位福特汽車業務員右腦蒐集了錯誤的資訊,讓左腦做出了錯誤的判斷,而這位業務員的行為表現直接影響了顧客右腦的感知,讓顧客覺得自己不被重視,更沒有建立起信任感,於是放棄了在此購買汽車的決定,這個業務員也就失去了一筆生意。

當這位女士走進雪佛蘭車行時,受到了業務員瑪麗的熱情接待。當得知今天是顧客的生日時,瑪麗又及時送上一束

鮮花,這讓顧客深受感動。這是一個典型的右腦策略,同時也展現了業務員高超的右腦水準,讓顧客在右腦思維的控制下,做出感性的購買決策。

這位業務員的一束鮮花就是溝通買賣雙方心靈的橋梁,使車行裡充滿溫馨的氣息,讓顧客產生了信任,買賣當然能夠成功。由此可見,關懷不在大小,一句問候、一次微笑、一個動作,都能展現出真誠為顧客著想的情感。讓顧客右腦感知你的真誠,你當然也就能獲得顧客的理解與回報。

案例28　用人性化服務打動顧客

某電器賣場位於一家生意非常好的大賣場旁邊,離客運站也不遠。該賣場制定了三公里內免費送貨到府的服務規則,可想而知,要送的通常是大件、價格高的商品,如冰箱、電視機、洗衣機等。

某天,一位老先生提著兩大袋從超市採購的物品,又在電器賣場選購了兩臺電烤爐,說他兒子明天結婚要用,然後要求送貨到府。從老先生報的地址來看,距離有五公里左右,已到郊區,兩臺電烤爐價格也就幾千塊,打包重量不會超過十公斤,體積也絕對不會令一個成年人拎著難以接受。怎麼辦?不送,老先生一定扛不回家,生意無疑也做不成了;

送了，與賣場的服務規則不符。於是店員不得不向老先生解釋大件商品和三公里以內免費送貨到府的服務規則，老先生的臉上寫滿失望，他問：「為什麼每個店都一樣？」路過的經理恰巧聽到了這句話。是啊，為什麼都一樣呢？這些一樣的規則當然有基於成本利潤的考慮，但大家都相同的服務就失去了創造差異化的意義，只能算是行業準則！當然，為了差別而實行無原則的服務不僅侵蝕利潤，還會讓行業陷入惡性競爭。望著窗外的車流，經理有了主意，他快步走上前跟老先生商量：可以免費派人送到車站，並且支付車票（也就幾十塊錢）。

當店裡的員工提著老先生的兩大袋物品，老先生輕鬆拎著兩個電烤爐到車站後，員工又幫老先生放置好物品並買好車票，這讓老先生很高興，也很感動。

沒過幾天，老先生就領著新婚兒子來買冰箱了，而賣場也首次推出了「三公里內免費送貨到府，三公里外送上車並送車票」這一條與其他賣場不一樣的人性化服務規則。

◆ 案例分析：

企業必須將自身視為一個有機、鮮活的生命體，而不是冷冰冰的規章制度的組合。在日常經營和管理中要注入情感和柔性，在對待顧客時，要實際做到想顧客之所想、急顧客

之所急,實施人性化的服務制度,這樣才能讓顧客感動,讓顧客在右腦的感知下做出購買決策。

案例中,賣場規定三公里以內免費送貨到府,想買電烤爐的老先生因為家在五公里之外不符合店裡的規定,但是老先生已經在超市買了兩大袋物品,實在無法將電烤爐帶回家。面對這種情況,店員不能違反店裡的規定,而老先生只好失望地感慨一句:「為什麼每個店都一樣?」這句話讓經理聽見了,於是引起了他的思考,最後想出了一個兩全其美的辦法:免費派人把電烤爐送到車站,並且支付車票(遇到問題主動思考,這是一種優秀的左腦習慣)。結果老先生深受感動,後來又帶兒子來買了冰箱。這是店家的人性化服務作用於顧客右腦的結果,進而培養了顧客對企業的忠誠度。

在銷售過程中,規章制度是死的,人性化服務和真正為顧客所想的舉措是活的。只有真正為顧客著想才能感動顧客,才能獲得顧客的認可,俘獲顧客的心,讓顧客對公司忠誠。

案例 29　用情感化潛在客戶,輕鬆拿下訂單

著名的空中巴士公司是法國、德國和英國等合營的飛機製造公司,該公司生產的客機品質穩定、優良。但是,在西

元 1870 年代公司剛剛成立時，外銷業務曾一度難以展開。為改變這種被動局面，公司決定應徵人才，將產品打入國際市場。貝爾那爾・拉提耶爾正是在這一背景下受聘於該公司的。

當時，正值石油危機，世界經濟衰退，各大航空公司都不景氣，飛機的外銷環境很艱難。雖然如此，拉提耶爾還是挺身而出，決定大展身手。

拉提耶爾上任遇到的第一個棘手問題是和印度航空公司的一筆交易。由於這筆生意未被印度政府批准，非常有可能會落空。在這種情況下，拉提耶爾匆忙趕到新德里，會見談判對象印航主席拉爾少將。

拉提耶爾到新德里之後，幾次約將軍洽談，都未能如願。最後他總算聯絡到了拉爾將軍，但他在電話裡隻字不提飛機合約的事，只是說：「我專程到新德里以私人名義拜訪將軍閣下，只要 10 分鐘，我就滿足了。」拉爾將軍勉強答應了。

祕書帶拉提耶爾走進將軍辦公室，板著臉囑咐說：「將軍很忙！請勿多占時間！」拉提耶爾心想：太冷漠了，看來生意十有八九要告吹。

「您好，拉提耶爾先生！」將軍出於禮貌伸出了手，想三言兩語把他打發走。

「將軍閣下，您好！」拉提耶爾真摯而坦率地說，「我衷心地向您表示謝意，感謝您對敝公司採取如此強硬的態度。」

將軍一時感到莫名其妙。「因為您使我得到一個十分幸運的機會：在我過生日的這一天，又回到了自己的出生地。」

「先生，您出生在印度嗎？」將軍微笑著問。

「是的！」拉提耶爾打開了話題，「1929 年 3 月 4 日，我出生在貴國名城加爾各答。當時，我的父親是法國歇爾公司駐印度代表。印度人民是好客的，我們全家的生活得到了很好的照顧。」

拉提耶爾娓娓動情地談了他對童年生活的美好回憶：「在我過 3 歲生日的時候，一位印度鄰居老太太送我一件可愛的小玩具，我和印度小朋友一起坐在大象的背上，度過了我一生中最幸福的一天。」拉爾將軍被深深感動了，當即提出邀請說：「您能來印度過生日太好了，今天我想請您共進午餐，以表示對您生日的祝賀。」可以想像，午餐是在親切融洽的氣氛中進行的。當拉提耶爾告別拉爾將軍時，這宗大買賣已經拍板成交了。

◆案例分析：

有時候，業務員與客戶的交際好像在「談戀愛」，能夠把戀愛技巧運用到推銷上的人一定是成功者。試想一下，如果業務員與客戶一見面就大談商品、談生意，談些深邃難懂的理論，那他一定會推銷失敗。因為客戶對業務員的警戒是感

情上的,是右腦的正常反應,要化解這種警戒,就需要利用感情去感化,以右腦對右腦,無疑是最有效的推銷策略。

就像這個案例中的拉提耶爾,在非常被動的銷售背景下,面對警惕心理很強的談判對手,他採用了右腦策略。

首先,他說:「是您使我有機會在我生日這一天又回到了我的出生地。」這句話既巧妙地讚美了對方,又引起了對方聽下去的興趣。

接著,他介紹了自己的身世,解除了對方「反推銷」的警惕和牴觸心理,拉近了雙方的距離。

可以說,拉提耶爾的這次生意是情感推銷的完美範例,他一系列的行為目的都是在影響客戶的右腦,促使客戶在右腦感知下做出購買決策。

當業務員在推銷過程中遇到類似問題時,不妨向拉提耶爾學習,啟動右腦,用感情去感化客戶,獲得訂單。

案例 30　去聆聽不受歡迎的客戶心聲,拿下訂單

孫菲是一名化妝品業務員,經驗豐富。一次,她偶然得知有位太太因痴迷信教,而和鄰居、親人發生了不愉快,她覺得這是一次很好的推銷機會,於是決定去拜訪這位太太。

這位太太正在禱告，見到孫菲後，沒有寒暄就和孫菲談論起宗教話題。

孫菲也沒有急於向她推銷產品，而是順著她的話題談了下去。孫菲問這位太太：「不知道您信教的動機是什麼？」

沒想到那位太太一把鼻涕一把眼淚地說：「我的先生每當工作不順利時，便喝酒發洩，還對我拳打腳踢，使我生不如死……」

聽了她的哭訴，孫菲非常同情，眼淚也忍不住流下來。

那位太太真的希望有人為她分擔痛苦，聽她說一說心裡話。孫菲非常理解她，並願意分擔她的痛苦，因此兩個人的距離也就拉近了。

當天，那位太太就買下了最高級的化妝品。

◆案例分析：

我們的客戶中不乏不被人理解、不受周圍人歡迎的人，這類人往往性格孤僻、性情古怪。想要接近這一人群，就必須理解、同情他們，用右腦策略獲得他們的信任。

就像這個案例中的化妝品業務員孫菲，當得知一位太太因為痴迷信教而和周圍的人相處不愉快時，並未遠離她，而是主動去拜訪她。孫菲一開始沒有向她推銷產品，因為她知道客戶的右腦習慣會直接拒絕自己。因此，孫菲採用了右腦

策略，先從客戶感興趣的話題入手，進而詢問她信教的動機。正是這句話觸動了這位太太的情感，使她發洩了長久以來積壓在心中的怨恨，而孫菲則充當了一名聽眾，並對她的遭遇表示同情和理解。這讓潛在客戶在心裡慢慢接受了孫菲，感情逐漸拉近，最後的成交也就順理成章了。

越孤單的人越需要理解，別人在痛苦時你對別人付出一份理解、一次幫助，別人就會為你捧出一顆心。作為業務員，會接觸到各類人，一定要學會理解和幫助他人，讓對方在情感上接受自己，這樣才有可能獲得更好的銷售業績。

第三部分　流程篇：

溝通過程中的左右腦策略實踐

第三部分　流程篇：溝通過程中的左右腦策略實踐

第九章
運用全腦技巧：讓成交變得輕而易舉

> 案例 31　總價除以使用期限，看起來並不貴

家具店裡，一位業務員正在向客戶推銷一套價值不菲的家具。客戶：「這套家具的價格有點高了。」

業務員：「您認為高了多少？」

客戶：「高了 10,000 多元。」

業務員：「那麼我們現在就假設貴了 10,000 元整。」業務員在說話的同時拿出了隨身帶的筆記本，在上面寫下 10,000 元給潛在客戶看。

業務員：「先生，這套家具您至少能用 10 年吧？」

客戶：「是的。」

業務員：「那麼就按使用 10 年算，您每年就是多花了 1,000 元，您說是不是這樣？」

客戶：「對，沒錯。」

業務員：「1年1,000元,那每個月應該是多少錢？」

客戶：「喔！每個月大概就是80元多一點吧！」

業務員：「好,就算是85吧。您每天至少要用兩次吧,早上和晚上。」

客戶：「有時更多。」

業務員：「我們保守估計為每天2次,那也就是說每個月您將用60次（業務員把這些內容都寫在筆記本上）。所以,假如這套家具每月多花了85塊錢,那每次就多花不到1.5元。」

客戶：「是的。」

業務員：「那麼每次不到1.5元,卻能夠提升您的家具等級,您不覺得很划算嗎？」

客戶：「你說得很有道理。那我就買下了。你們是送貨到府吧？」

業務員：「當然！」

◆ 案例分析：

價格異議是任何一個業務員都遇過的情形。比如「太貴了」、「我還是想買便宜點的」、「我還是等降價時再買吧」等。對於這類反對意見,如果你不想降價的話,就必須向對方證明,你的產品價格是合理的,是產品價值的正確反映,使對方

覺得你的產品值那個價格。在左右腦銷售中，運用左腦數位技術可以化解顧客類似的價格異議，這個案例就是典型代表。

案例中，業務員向客戶推銷一套價格昂貴的家具，客戶認為太貴了，這表明客戶的右腦在發揮主要作用，這時候業務員需要做的就是淡化客戶的這種右腦印象。於是，業務員開始運用自己左腦的數位技術，他先假設這套家具能夠使用 10 年，然後把客戶認為貴了的 10,000 多元分攤到每年、每月、每天、每次，最後得出的結果為每次不到 1.5 元，這極度淡化了客戶右腦中「價格高」的印象，最後成功地售出了這套客戶心中的高價家具。

可見，業務員在與客戶的溝通中，如果能夠在回答潛在客戶的問題時自然地採用左腦數位技術，那麼成交也就不再是難事了。

案例 32　主動發問，讓供給滿足客戶需求

一位客戶想買一輛汽車，看過產品之後，對車的性能很滿意，唯一擔心的就是售後服務。於是，他來到甲車行，向業務員詢問。

準客戶：「你們的售後服務怎麼樣？」

甲業務員：「您放心，我們的售後服務絕對一流。我們公司多次被評為『消費者信得過』企業，我們公司的服務宗旨是顧客至上。」

準客戶：「是嗎？我的意思是說假如它出現品質問題怎麼辦？」

甲業務員：「我知道了，您是擔心萬一出現問題怎麼辦？您儘管放心，我們的服務承諾是一天之內無條件退貨，一週之內無條件換貨，一個月之內無償保修。」

準客戶：「是嗎？」

甲業務員：「那當然，我們可是大廠牌，您放心吧。」

準客戶：「好吧。我知道了，我考慮考慮再說吧。謝謝你，再見。」

在甲車行沒有得到滿意的答覆，客戶又來到甲車行對面的乙車行，乙業務員接待了他。

準客戶：「你們的售後服務怎麼樣？」

乙業務員：「先生，我很理解您對售後服務的關心，畢竟這不是一次小的決策，那麼，您所指的售後服務是哪些方面呢？」

準客戶：「是這樣，我以前買過性能類似的車，但用了一段時間後就開始漏油，後來返回車廠修理，修好後過了一個月又漏油。再去修，對方卻說要收 5,000 元修理費，我跟他

們理論,他們就是不願意承擔這部分費用,沒辦法,我只好自認倒楣。不知道你們在這方面是怎麼做的?」

乙業務員:「先生,您真的很坦誠,除了這些,您還有其他方面的顧慮嗎?」

準客戶:「沒有了,主要就是這個。」

乙業務員:「那好,先生,我很理解您對這方面的擔心,的確也有客戶擔心同樣的問題。我們公司的產品採用的是歐洲最新標準的加強型油路設計,這種設計具有非常好的密封性,即使在正負溫差攝氏50度,或者潤滑系統失靈20小時的情況下也不會出現油路損壞的情況,所以漏油的機率非常低。當然,任何事情都有萬一,如果真的出現了漏油的情況,您也不用擔心。我們的售後服務承諾是:從您購買之日起1年之內免費保修,同時提供24小時之內的主動到府服務。您覺得怎麼樣?」

準客戶:「那好,我放心了。」

最後,客戶在乙車行買了想要的汽車。

◆案例分析:

在推銷過程中,客戶提出異議是很正常的,而且異議往往是客戶對產品感興趣的一種訊號。但遺憾的是,當客戶提出異議時,不少新入行的業務員往往不是先辨識異議,而是直接

進入化解異議的狀態，這樣非常容易造成客戶的不信賴。錯誤的異議化解方式不但無助於推進銷售，反而可能導致新的異議，甚至成為推銷失敗的重要因素。這個案例就是這類問題的典型代表。

案例中，當客戶提出「你們的售後服務怎麼樣」時，說明客戶正在使用左腦，這個問題是客戶經過慎重考慮提出來的，是一種理性思考的結果。這時，要化解客戶的異議就需要業務員不動聲色地把客戶的左腦思考轉移到右腦，並促使其決策。

甲業務員顯然不懂得這個道理，當客戶提出疑問後，他在還沒有辨識客戶的異議時，就直接用自己的左腦去應對，給出了自以為是的答案，客戶沒有感受到應有的尊重，認為業務員的回答不夠嚴謹，因此推銷失敗也就不足為奇了。

與之相反的是，乙業務員則採用了提問的方式：「您所指的售後服務是哪些方面呢？」這是一種典型的右腦策略，給予客戶被尊重的感覺，同時也協助客戶找到了問題的癥結所在，然後又利用自己左腦的專業知識，輕鬆化解了客戶的問題，獲得了推銷的成功。

這個案例表明，對客戶異議的正確理解比提供正確的解決方案更重要。至少，針對客戶異議的提問展現了對客戶的關心與尊重。業務員只有正確啟用左右腦，才能順利實現成交。

第十章
左右腦結合：實現談判的最佳效果

案例 33　用形象化語言破解銷售難題

　　王亮是某 PC 保護膜的業務員，在推銷這一產品時會用到很多專業的詞語，客戶很難理解，王亮就把那些難懂的術語形象化，以便於客戶理解。

　　有一次，王亮的公司想把這一產品推銷給當地的一家企業，但經過數次的公關說服，都無法打動這家企業的董事們。

　　突然，王亮靈機一動，想到以表演的方式代替口頭遊說。他在董事會上，把一根棍子放在面前，兩手捏緊棍子的兩端，使它微微彎折，說道：

　　「各位先生，這根棍子只能彎到這個程度。」（說完這句話，他把棍子恢復原狀。）

　　「所以，如果我用力過度，這根棍子就會被毀壞，不能再恢復原狀。」（同時他用力彎曲棍子，超過棍子的彈性度，於是棍子的中央出現折痕，再也不能恢複本來筆直的形狀。）

「它就像人們的眼睛只能承受到某個程度的壓力,如果超過這個程度,視力就很難恢復了。相信貴公司的主管和員工們會經常接觸到電腦,並且日常使用時間也比較長,電腦對身體的損害不言而喻,而我們的產品不但能夠抵禦電腦輻射,還能夠緩解視覺疲勞。」

最後,該公司董事會一致決定,向王亮購買一批PC保護膜。

◆ 案例分析:

用客戶聽得懂的語言介紹產品,這是最簡單的常識。如果客戶不能理解該訊息的內容,那麼這個訊息便產生不了預期的效果。客戶能理解產品對他的意義,卻未必了解專業術語。所以業務員應該用客戶能理解的用語,簡明扼要地加以說明,並且陳述你的產品所能為他提供的好處。

在這個案例中,我們看到,PC保護膜業務員王亮在與客戶談判時,靈機一動想了一個好辦法(右腦開始發揮作用):用一根棍子的彎曲度來解釋電腦對人體造成的危害程度,結果這種形象化的語言取得了很好的效果,進而促成了銷售。

由此可見,作為業務員,對產品和交易條件的介紹,語言必須簡單明瞭,表達方式必須直截了當,否則就可能產生溝通障礙。案例中的王亮就在談判中及時發揮了右腦的優

勢，透過把那些難懂的術語形象化，讓客戶充分理解後成功簽下訂單。

案例 34　適當吊客戶胃口，讓他對你感興趣

柯林頓・比洛普是美國著名的推銷專家，在創業初期，為了多賺一點錢，他曾為康乃狄克州西哈特福市的商會招募會員，並藉此敲開了該市很多企業領導者的大門。

有一次，他去拜訪一家布店的老闆。這位老闆是第一代土耳其移民，他的店鋪距離分隔東哈特福市和西哈特福市的街道只有幾步遠。結果，這個地理位置成了這位老闆拒絕加入商會的理由。「聽著，年輕人，西哈特福市商會甚至不知道有我這個人。我的店在商業區的邊緣地帶，沒有人會在乎我。」

「不，先生，」柯林頓・比洛普堅持說，「您是十分重要的企業家，我們當然在乎您。」

「我不相信。」老闆堅持己見，「如果你能夠拿出一點證據改變我的看法，我就加入你們的商會。」

「先生，我非常樂意為您做這件事，」比洛普注視著老闆說，「我可不可以和您約定下一次會面的時間？」

老闆一聽，覺得這是擺脫比洛普最容易的方式，於是毫

不猶豫地說：「當然，你可以約個時間。」

「嗯，45分鐘之後您有空嗎？」比洛普說。

老闆十分驚訝，他沒想到比洛普要在45分鐘之後再與他會面。

驚訝之餘，順口說道：「嗯，我會在店裡。」

「很好，」比洛普說，「我會在45分鐘後回來。」

比洛普快速離開布店，直接往商會辦公室衝去。他在那裡拿了一些東西之後，又到鄰近的文具店買了該店最大的信封袋。帶著這個信封袋，比洛普再次來到布店。他把信封放在老闆的櫃檯上，繼續先前與老闆的對話。在交談的過程中，老闆的目光始終注視著那個信封袋，猜測裡面到底裝了什麼。

最後，他終於忍不住了，就問：「年輕人，我可不想一直和你耗下去，這個信封裡到底裝了什麼？」

比洛普將手伸進信封，取出一塊大型金屬牌。「商會早已做好了這塊牌子，好掛在每一個重要的十字路口，以標示西哈特福市商業區的範圍。」比洛普帶著老闆來到十字路口說：「這塊牌子將掛在這個十字路口，這樣一來，客人就會知道他們是在西哈特福市內購物，這便是商會讓人知道您在西哈特福市的方法。」

老闆的臉上浮現出一絲笑容。比洛普說：「好了，現在我

已經完成我的論證了,您也可以把您的支票簿拿出來,結束我們這場交易了。」

最後,老闆在支票上寫下了商會會員的入會費。

◆ 案例分析:

開門見山、直搗主題是一種推銷方法,出其不意、欲擒故縱也是一種推銷方法,而後者往往比前者更能促成交易。

在這個案例中,年輕時的柯林頓‧比洛普為了生計,為康乃狄克州西哈特福市的商會招募會員。他的目標客戶是一家布店的老闆,而這家店正好位於一條分隔東哈特福市和西哈特福市的街道的旁邊,這個位置成了布店老闆拒絕加入商會的理由:「西哈特福市商會甚至不知道有我這個人,我的店在商業區的邊緣地帶,沒有人會在乎我。」這是客戶左腦思考後得出的結論。

比洛普想要拿下這個訂單,就必須把客戶的思維從左腦轉移到右腦。這時,比洛普發揮了自己的右腦優勢,他採用了欲擒故縱的談判策略:「我可不可以和您約定下一次會面的時間?」這讓客戶放鬆了警惕,以為可以就此擺脫比洛普,於是就同意了,說明此時客戶左腦防範意識減弱。

令他沒想到的是,比洛普竟然說:「45 分鐘之後您有空

嗎？」這讓布店老闆非常驚訝，也讓他留下了懸念。之後，比洛普先回商會辦公室「拿了一些東西」（事先已經準備好，這是左腦計劃的展現），然後又去商店買了一個最大型的信封（臨場發揮，右腦機制的展現）。當他回到客戶面前時，並不急於說明信封內的東西，這讓客戶的好奇心越來越強烈（客戶的右腦思維逐漸占據主導地位），以致於最後按捺不住主動詢問，這正是比洛普要達到的效果。最後，謎底揭開，客戶不得不認同比洛普的做法，答應入會。

可見，在談判的過程中，如果能讓你的左右腦同時發揮作用，留一點懸念給客戶，讓客戶對你的下一步行動感到好奇，那麼，在揭曉懸念的同時，交易也可能會完成。

案例 35　以退為進，一幅畫賣出三幅畫的價錢

一位商人帶著三幅名家畫作到美國出售，恰好被一位美國畫商看中，這位美國畫商認定：既然這三幅畫都是珍品，必有收藏價值，假如買下這三幅畫，經過一段時間的收藏一定會漲價，那時自己一定會發一筆大財。於是下定決心，無論如何也要買下這些名家畫作。

主意打定，美國畫商就問商人：「先生，你的畫不錯，請問一幅多少錢？」

「你是只買一幅呢，還是三幅都買？」商人不答反問。「三幅都買怎麼算？只買一幅又怎麼算？」美國畫商開始算計了。他的如意算盤是先和商人敲定一幅畫的價格，然後再全盤托出，把其他兩幅一起買下，一定能便宜點，多買少算嘛。

商人並沒有直接回答他的問題，只是臉上露出為難的表情。美國畫商沉不住氣了，說：「你開個價，三幅一共要多少錢？」

這位商人是一位道地的商業頭腦，他知道自己畫的價值，而且他了解到，美國人有個特點，喜歡收藏古董名畫，要是看上什麼東西，是不會輕易放棄的，一定會出高價買下。並且從這個美國畫商的眼神中可以看出，他已經看上了自己的畫，於是商人心中就有底了。

他漫不經心地回答說：「先生，如果你真想買的話，我就便宜點全賣給你了，每幅3萬美元，怎麼樣？」

這個畫商也不是商場上的平庸之輩，他一美元也不想多出，便和商人議起價來，一時談判陷入了僵局。

忽然，商人怒氣沖沖地拿起一幅畫就往外走，二話不說就把畫燒了。美國畫商看著被燒的畫非常心痛，他問商人剩下的兩幅畫賣多少錢。

想不到商人這次開價口氣更是強硬，宣告少於9萬美元不賣。少了一幅畫，還要9萬美元，美國商人覺得太委屈，

便要求降低價錢。

　　但商人不理會這一套，又怒氣沖沖地拿起一幅畫燒掉了。這回畫商大驚失色，只好乞求商人不要把最後一幅畫燒掉，因為自己實在太愛這幅畫了。接著，他又問這最後一幅畫多少錢。想不到商人開口竟要 12 萬美元。商人說：「如今，只剩下一幅畫了，這可以說是絕世之寶，它的價值已大大超過了三幅畫都在的時候。因此，現在我告訴你，如果你真想買這幅畫，最低得出價 12 萬美元。」

　　美國畫商一臉苦相，只好以 12 萬美元成交。

◆ 案例分析：

　　以退為進是談判桌上常用的一個致勝策略和技巧，是指當業務員被拒絕之後，與其勉強且直接反駁客戶的問題，不如先轉移話題，讓客戶認為你不會再繼續說服他購買，等到氣氛稍有改變之後，再繼續嘗試促成。應用這個策略需要業務員具備察言觀色和靈活機智的右腦能力。

　　就像這個案例中那位賣畫的商人，他憑藉對美國人習性的了解和對這個美國畫商表情的觀察，知道對方已經有了購買欲望。商人做出這個判斷，一方面依靠的是其左腦掌握的情況、蒐集到的資訊，另一方面依靠的是其善於察言觀色的右腦能力。

得出這個結論後，商人知道自己在這場談判中已經占據了主導地位，在談判陷入僵局後，他機智地利用了美國人愛畫的心理，連燒兩幅畫（優秀的右腦能力），並且抬高了價格，最終迫使美國人高價成交，這就是一種典型的以退為進的策略，並且是「退一步，進兩步」，最終取得了談判的勝利。

在談判過程中，「以退為進」往往能達到事半功倍的效果。因此，業務員如果遇到類似的情況，不妨向那位商人學習，積極發揮自己的右腦優勢，採用「以退為進」的策略讓談判對手「束手就擒」。

案例 36　模擬未來，左右腦互相作用輕鬆取勝

有一家手機公司在創業初期產品銷路不暢，於是該公司的董事長親自到各地去做宣傳推廣，希望經銷商們積極配合，使他們最新的手機能夠打入各級市場。

某次，董事長召集各個代理商，向他們介紹新手機。他對參加的各級代理商說：「經過公司技術人員的辛苦研究，本公司最新的手機終於問世。雖然它只能算是二流產品，但是我希望能賣出一流的價格。」

聽了董事長的話，在場的人不禁為之譁然：「咦！董事長沒有說錯吧？誰願意以一流產品的價格來買二流的產品呢？

二流產品當然應該以二流的價格來交易才對啊！他怎麼會說出這樣的話呢？」大家都用懷疑的眼光看著董事長。

「那麼，請您說說理由吧！」代理商們都想知道謎底。「大家都知道，目前手機行業中稱得上一流的，只有一家。即使他們的價格昂貴，大家仍然要去購買。如果有同樣優良的產品，但價格卻便宜一些的話，對消費者來說則是一種福音。讓消費者多一個選擇，同時還能制約同類產品的價格。」經過董事長這麼一解釋，大家似乎了解了一些，董事長接著說：「就拿拳擊比賽來說吧！不可否認，拳王阿里的實力誰也不能忽視。但是，如果沒有人和他對抗的話，這場拳擊賽就沒辦法進行了。因此，必須要有個實力相當、身手不凡的對手來和阿里打擂臺，這樣的拳擊比賽才精彩，不是嗎？同理，手機行業中假如只有『阿里』一個人，你們對手機行業是不會產生興趣的，同時也賺不到多少錢。如果這個時候出現一位對手的話，就有了互相競爭的機會。現在，把優良的新產品以一流的價格提供給各位，再高價售出，大家一定能得到更多的利潤。」

「董事長，您說得沒錯，可是，目前並沒有另外一個『阿里』呀！」

董事長認為攤牌的時間到了。他接著話題繼續說道：「我想，另外一位『阿里』就由我來充當好了。為什麼目前本公司只能製造二流的手機呢？因為本公司資金不足，無法在技術

上有所突破。如果各位肯幫忙，以一流手機的價格來購買本公司的手機，我就可以籌集到一筆資金，把這筆資金用於技術更新或改造。相信不久的將來，本公司一定可以製造出優良的產品。這樣一來，手機業等於出現了兩個『阿里』，在彼此的競爭之下，毫無疑問，產品的品質必然會提高，價格也會降低。到了那個時候，我一定好好感謝各位。此刻，我只希望你們能夠幫助我扮演『阿里的對手』這個角色。希望你們能不斷地支持、幫助本公司度過難關。因此，我希望各位能以一流產品的價格來購買本公司的產品。」這位董事長話音剛落，會議室裡就響起了熱烈的掌聲。

董事長的發言產生了非常大的反響，收到了很好的談判效果。代理商們表示：「以前也有一些人來這裡做宣傳，不過從來沒有人說過這些話。我們很了解你目前的處境，所以，希望你能趕快成為另一個『阿里』。」為了另一個『阿里』的誕生，代理商們不僅增加訂單，而且願意支付一流產品的價格。

◆ 案例分析：

在銷售中，虛構未來事件其實是在向顧客賣自己的「構想」，透過業務員的描繪，讓顧客感知未來的情形，從而達到銷售的目的，這就需要業務員具備高超的左右腦思維水準。

在這個案例中，我們可以看出，手機公司的董事長就是

透過虛構了一個未來事件取得了談判的勝利。

在談判剛開始時，董事長一句「雖然它只能算是二流產品，但是我希望能賣出一流的價格」，引起了各代理商的好奇心，接下來，董事長充分發揮了自己左右腦的優勢，一步步推進自己的計畫。

首先，他先分析了手機業的現狀（左腦理性思考），然後又把行業競爭比喻成拳擊比賽，把一流的公司比喻成拳王阿里（比喻來自左腦的策劃，但真實意圖是影響聽者的右腦思維，獲得信任和建立專家印象），在代理商們同意董事長的看法，並表示「目前並沒有另外一個『阿里』」時（客戶原本在左腦的思路已經被巧妙地、不知不覺地轉移到了右腦），董事長抓住了時機：「另外一個『阿里』就由我來充當好了。」這時，他的思維又從右腦回到了左腦，這是真正左右腦銷售技巧高手的表現。

當董事長有依據地分析和設想了當手機市場上出現「兩個阿里」而最終受益的將是各代理商後，征服了代理商（左腦邏輯思維能力的魅力），因此他得到了更大的訂單。

在這裡，我們不得不佩服這位董事長的智慧，讚嘆他左右腦銷售技巧的精彩。其實，只要掌握了左右腦銷售的精髓，每個人都可以成為像這位董事長一樣的銷售高手。

案例 37 挖掘環境特點，讓客戶意識到自己的需求

彼得是一名冷氣業務員，由於冷氣剛剛興起，售價也很高，因此，很少有人購買。彼得出去推銷冷氣，是難上加難。

彼得想推銷一套可供 30 層辦公大樓用的中央冷氣給某公司，他付出了很多努力，與該公司董事會來回周旋了很長時間，但仍然沒有結果。某天，該公司董事會通知彼得，要他到董事會上向全體董事介紹這套冷氣系統的詳細情況，最終由董事會討論和決定是否購買。在此之前，彼得已向他們介紹過很多次。這天，在董事會上，他耐著性子把以前講過很多次的話題又重複了一遍。但在場的董事們反應十分冷淡，提出了一連串問題刁難他。

面對這種情景，彼得口乾舌燥，心急如焚，眼看著幾個月的辛苦和努力就要付諸東流，他逐漸變得焦慮起來。

在董事們討論的時候，他環視了一下房間，突然眼睛一亮，心生一計。在隨後董事們提問的階段，他沒有直接回答董事的問題，而是很自然地換了一個話題，說：「今天天氣很熱，請允許我脫掉外套，好嗎？」說著掏出手帕，認真地擦著額頭上的汗珠，這個動作馬上引起了在場全體董事的條件反射，他們頓時也覺得悶熱難熬，一個接一個地脫下外套，不

停地用手帕擦臉,有的還抱怨說:「怎麼回事?天氣這麼熱,這房間還不裝冷氣,悶死人啦!」

這時,彼得心裡暗暗高興,覺得時機已到,接著說:「各位董事,我想貴公司一定不想看到來公司洽談業務的客戶熱成我這個樣子,對吧?如果貴公司安裝了冷氣,它可以為來貴公司洽談業務的客戶營造一個舒適愉快的環境,以便成交更多的業務。假如貴公司所有的員工都因為沒有冷氣而覺得天氣悶熱,穿著不整齊,影響公司的形象,使顧客對貴公司產生不好的印象,您說這樣合適嗎?」

聽完彼得的這番話,董事們連連點頭,董事長也覺得有道理。最後,這筆大生意終於拍板成交。

◆ 案例分析:

成功的業務員要善於利用周圍的環境,利用得當,會對推銷成功發揮很大的作用。

案例中,冷氣業務員彼得為拿下一座30層辦公大樓的中央冷氣專案付出了很多努力,可依然沒有結果。在一次說明會上,彼得又向董事們介紹了這套冷氣系統的詳細情況,並回答了董事們一連串刁鑽的問題。這種情景讓他意識到訂單無望了。這個過程中,業務員左腦雖進行了詳細的準備,但客戶也正在使用左腦進行理性思考,左腦對左腦,業務員顯然

處於劣勢。想要成功簽下訂單，業務員必須改變策略。

焦急讓彼得倍感燥熱，當他環視房間時，突然來了靈感：「今天天氣很熱，請允許我脫掉外套，好嗎？」這句話轉移了話題，同時讓客戶的右腦感知到天氣真的很熱，使客戶的思維從左腦的理性逐漸轉移到右腦的感性。達到這個目的後，接下來彼得一番理性地分析讓客戶覺得的確如此，於是在右腦的作用下做出了購買的決策。

在這個案例中，發揮關鍵作用的顯然是彼得及時抓住了所處環境的特點，發揮了自己右腦的優勢，恰到好處地利用了環境提供給他的條件，採用了與周圍環境相應的表達方式，化被動為主動，最終達到了銷售目的。

第十一章
捕捉客戶需求：釣魚要先懂魚的偏好

案例 38　向客戶請教，讓他自己說出需求

　　林達是一名汽車業務員，近日來，他曾多次拜訪某公司負責採購的陳總，在向陳總介紹了公司的汽車性能及售後服務等優勢以後，陳總雖表示認同，但一直沒有明確表態，林達也猜不準客戶到底想要什麼樣的車。

　　久攻不下，林達決定改變策略。

　　林達：「陳總，我已經拜訪您好多次了，可以說您已經非常了解我們公司汽車的性能，也滿意我們公司的售後服務，而且汽車的價格也非常合理，我知道陳總是銷售界的前輩，我在您面前銷售東西壓力實在很大。我今天來，不是向您推銷汽車的，而是請陳總本著愛護晚輩的心態指點一下我哪些地方做得不好，讓我能在日後的工作中加以改善。」

　　陳總：「你做得很不錯，人也很勤勞，對汽車的性能也了解得非常清楚，看你這麼誠懇，我就給你一點提示：這一次

我們要幫公司的 10 位經理換車，當然所換的車一定比他們現在的車子要更高級一些，以激勵他們的士氣，但價錢不能比現在的貴，否則短期內我寧可不換。」

林達：「陳總，您不愧是一位好老闆，購車也以激勵士氣為出發點，今天真是又學到了新東西。陳總我推薦給您的車是由德國組裝直接進口的，成本偏高，因此，價格會偏高，但是我們公司月底將進口成本較低的同級車，如果陳總一次購買 10 部，我一定能說服公司盡可能達到您的預期價格。」

陳總：「喔！貴公司如果有這種車，倒替我解決了換車的難題了！」

月底，陳總與林達簽署了購車合約。

◆ 案例分析：

在銷售中，業務員只有掌握了客戶的真正需求，才能成功簽下訂單。而怎麼了解客戶的需求，就是一門學問了。這個案例中業務員林達運用了請教的右腦策略，贏得了客戶的好感，進而成功地掌握了客戶的真正需求。

在案例中我們可以看到，林達之所以久攻不下，原因就在於他沒有了解客戶的真正需求是什麼。當他意識到這個問題後，改變了一貫採用的左腦策略，轉而使用了右腦，即放低姿態，把客戶稱為「銷售界的前輩」，繼而向客戶請教自己

在哪些地方做得不好。

我們知道，請教是師生關係的展現，老師這個稱呼是人們內心嚮往的一種榮譽。如果讓與你談話的人有當老師的感覺，那麼你們的距離就近了很多。

回到這個案例中，我們會發現，當林達以請教的姿態要求陳總給予指點後，陳總的態度發生了很大改變，由此，林達才真正了解客戶想要什麼樣的車，根據客戶的需求進一步推薦自己公司的車，客戶也有了一個認可的態度，並最終購買了林達公司的車。

因此，在銷售中，如果你還不了解客戶的真正需求，不妨主動當學生。

案例39 全面了解客戶現狀，預見其未來需求

托尼是一位推銷醫療設備的業務員。他花了不少時間，試圖說服傑爾森醫生更新消毒設備，但得到的答覆總是「我過一陣子會考慮這個問題，現在實在沒有預算」、「明年春天再說吧」等等。

最後，托尼實在等不了了，他想了一個方法，決定採取行動。於是他打電話給傑爾森醫生說：「醫生，有一件重要的

事，我一直想和您談談，這件事對您關係重大。禮拜四中午一起用餐吧，您方便嗎？」傑爾森醫生一聽是大事，馬上答應。

用餐時，傑爾森醫生單刀直入地問：「是什麼事情？」托尼從口袋中取出一張卡片，將有字的一面扣在桌上。

「醫生，請問您診所的租約什麼時候到期？」

「明年九月。」

「聽說那棟大樓要出售，我想您應該不會續約吧？」

未等醫生回答，托尼又接著說：「雖然這件事還沒有定案，不過我聽說有所大學想在這附近建一個新校區。如果這事是真的，您的診所是一定要搬的，對不對？」

「是啊。」傑爾森醫生說。

托尼接著說：「您可以把診所搬到別的地方。反正，不論政治局勢好壞、經濟是否衰退，人們總是需要醫生的。」

傑爾森醫生點點頭。「既然如此，您為什麼不現在就遷移診所呢？您至少還會行醫20年，總不能一直待在這個擁擠窄小的診所吧？」傑爾森醫生微笑著說：「我的診所真的太擠了！」

托尼將桌上的卡片遞給傑爾森醫生，傑爾森醫生看見卡片上印著一行字：「凡事徹底考慮周詳才下決定的人，永遠做不了決定。」

「我跟太太也常談到這一點。記得買第一部車和第一棟房

第十一章　捕捉客戶需求：釣魚要先懂魚的偏好

屋時，我們都討論過這一點的重要性。總是我太太先預見未來的發展，堅持這些都是未來的需求。事實證明，她的判斷是正確的。」傑爾森醫生說完，若有所思，隨即一拍桌子，說：「好！感謝你的建議，我今年夏天就遷移診所。」

兩週後，托尼接到傑爾森太太的電話，說她的先生已經找到一棟大樓，簽了十年租約。她還說，傑爾森醫生很快就要找托尼討論更換醫療設備等事宜。「我要先謝謝你，」她說，「總算有人成功地勸他搬出那個小診所了。」

◆ 案例分析：

在這個案例中，業務員托尼為了說服傑爾森醫生更新消毒設備花費了很多時間，而每次醫生都用各式各樣的藉口拒絕了他。托尼知道，繼續採用相同的方法是不會成功的，而他仍然堅信傑爾森醫生是有這個需求的，最後他想出了一個辦法，即運用假設的方法，預測出客戶未來的需求。深度的左腦思考，分析和判斷客戶可能的需求。

「聽說那棟大樓要出售」、「聽說有所大學想在附近建一個新校區」，這兩個假設無論哪個成立，傑爾森醫生都要遷移診所。業務員利用假設利用客戶的右腦來想像，取得了客戶的認同，建立了初步的信任。

托尼見自己的策略取得了初步成效，於是趁機說：「既然

如此,您為什麼不現在就遷移診所呢?您至少還會行醫20年,總不會一直待在這個擁擠窄小的診所吧?」這句話的目的同樣是在利用醫生右腦的想像:一旦遷移了診所,自己所有的問題都會迎刃而解。最後傑爾森醫生的答覆是:「感謝你的建議,我今年夏天就遷移診所。」客戶在右腦的想像下做出了決策。

可見,業務員只要能夠靈活運用自己的左右腦,掌握客戶的未來需求,換個方式向客戶推銷,就會使自己的工作隨著客戶的另一種選擇而取得進展。

案例40　直擊痛點,讓客戶認清自己的需求

美國某鋼鐵公司總經理卡里,有一次請來美國著名的房地產經紀人約瑟夫·戴爾,對他說:「約瑟夫,我們鋼鐵公司的房子是跟別人租的,我想還是自己有間房子比較好。」此時,從卡里辦公室的窗戶望出去,只見船來船往,碼頭上工人們正在繁忙地工作,這是多麼繁華熱鬧的景緻呀!卡里接著說:「我想買的房子,也必須能看到這樣的景色,或是能夠眺望港灣的,請你去替我物色一所條件差不多的吧。」

約瑟夫·戴爾花了好幾個星期來思索與這間房子條件差不多的房子。他又是畫圖紙,又是做預算,但事實上這些東西一點也派不上用場。因為「條件差不多」的房子只有一棟,

那就是與卡里鋼鐵公司相鄰的那棟樓房。卡里喜愛眺望的景色，除了那所房子，再沒有別的地方與它更接近了。卡里似乎很想買那棟相鄰的房子，並且據他說，有些職員也竭力想買那棟房子。

當卡里第二次請約瑟夫去商討買房事宜時，約瑟夫卻勸他買下鋼鐵公司現在租著的這棟舊樓房，同時還指出，相鄰那棟房子所能眺望的景色，不久便會被新建築遮擋，而現在這棟舊房子還可以看許多年江邊的風景。

卡里立刻對此建議表示反對，並竭力加以辯解，表示他對這棟舊房子絕對無意。約瑟夫·戴爾並不爭辯，他只是認真地傾聽，腦子飛快地在思考著：卡里到底是怎麼想的呢？卡里堅決反對買這棟舊房子，正如一個律師在論證自己的辯詞，然而他對這間房子的木料、建築結構所提出的不滿，以及他反對的理由，都是些瑣碎的小事，可以看出，這並不是卡里本人的觀點，而是那些主張買相鄰那棟新房子的職員的觀點。

約瑟夫聽著，心裡便了解了八九成，知道卡里說的並不是真心話，其實他心裡真正想買的，就是他嘴上竭力反對的現在租用的舊房子。

由於約瑟夫只是靜靜地坐在那裡聽，沒有反駁他，卡里也停止了說話。他們沉寂地坐著，向窗外望去，約瑟夫看出

卡里真的非常喜歡此處的景色。

　　約瑟夫開始運用他的策略，說：「先生，您當初來紐約的時候，您的辦公室在哪裡？」卡里沉默了一下，說：「什麼意思？就在這間房子裡。」約瑟夫頓了一下，又問：「鋼鐵公司在哪裡成立的？」卡里又沉默了一下才答道：「也是這裡，就在我們此刻所坐的辦公室裡誕生的。」卡里說得很慢，約瑟夫也不再說什麼。就這樣過了5分鐘，他們都默默地坐著，眺望著窗外。

　　終於，卡里意識到什麼，激動地說：「我的職員們差不多都主張搬出這棟房子，可是這裡是我們的發源地啊！我們差不多可以說是在這裡誕生、成長的，這裡實在是我們應該永遠長住下去的地方呀！」於是，在半小時之內，這筆交易就成交了。

◆ 案例分析：

　　業務員是人，客戶也是人。與商店不同的是，業務員能走進客戶的生活，而商店卻不能。在機械化的推銷過程中，業務員往往看不到隱藏在客戶內心深處的真實想法，只有發揮左右腦優勢深入思考、了解客戶的真實想法才能把產品賣出去。在這個案例中，房地產經紀人約瑟夫·戴爾就是因為了解了客戶卡里的真實想法而成功簽訂單的。

第十一章　捕捉客戶需求：釣魚要先懂魚的偏好

首先，當約瑟夫勸說卡里買下其正在租用的舊房子時，卡里提出了很多反對意見，而約瑟夫只是耐心地傾聽，這是出色的業務員溝通能力的展現。在傾聽過程中，約瑟夫蒐集到了重要的資訊：在卡里的心中，潛伏著一種他自己尚未察覺的情緒，一種矛盾的心理：卡里一方面受其職員的影響，想搬出這棟老房子；另一方面，他又非常依戀這棟房子，仍舊想在這裡住下去。這些資訊經過左腦的邏輯推理和分析判斷，約瑟夫最後得出了結論：卡里真正想買的，就是他嘴上竭力反對的現在租用的舊房子。

其次，掌握了客戶的真實需求後，約瑟夫開始運用策略進行說服。「您當初來紐約的時候，您的辦公室在哪裡？」、「鋼鐵公司在哪裡成立的？」這些看似隨意、感性的提問，其實都是約瑟夫精心設計的，使左腦技能透過右腦展現出來。正是這些問題，巧妙地擊中了卡里的真實想法。最終，約瑟夫成功了，卡里買下了這棟舊房子。

約瑟夫・戴爾的成功，是因為他運用了自己左右腦的優勢，了解了卡里的心思，並巧妙地使用了攻心法。可見，作為業務員，不能只是機械地向顧客推銷產品，而應先了解顧客內心的真實需求，這樣才能取得事半功倍的效果。

第十二章
拓展思維：突破銷售瓶頸的策略

案例41　留心生活，用創意開創銷售局面

很多啤酒商發現，想要開拓比利時首都布魯塞爾的市場非常難，於是有人向暢銷比利時的某名牌酒廠取經。這家叫「哈囉」的啤酒廠位於布魯塞爾東郊，無論是廠房建築還是工廠生產設備都沒有很特別的地方。但該廠的銷售總監林達卻是轟動歐洲的銷售策劃人員，由他策劃的啤酒文化節曾經在歐洲多個國家盛行。當有人問起林達是如何使「哈囉」啤酒暢銷時，他顯得非常得意而自豪，說：「我和哈囉啤酒的成長經歷一樣，從默默無聞到轟動半個世界。」

林達剛到這個廠房時還是個不滿25歲的年輕人，那時的哈囉啤酒廠逐年減產，因為銷售不景氣而沒有經費在電視或者報紙上做廣告。做業務員的林達多次建議廠長到電視臺做一次演講或廣告，都被廠長拒絕了。林達決定自己想辦法開創銷售局面，正當他為如何做一個最省錢的廣告而煩惱時，

他徘徊到了布魯塞爾市中心的大廣場。這天正好是感恩節，雖然已是深夜，廣場上仍有很多慶祝的人，廣場中心的撒尿小童銅像就是因挽救城市而聞名於世的小英雄于連。當然銅像撒出的「尿」是自來水。廣場上一群調皮的小孩正用空礦泉水瓶接銅像裡「尿」出的自來水潑灑對方，小孩們的行為替林達帶來了靈感。

第二天，路過廣場的人們發現于連的尿變成了色澤金黃、泡沫泛起的「哈囉」啤酒。銅像旁邊的大廣告牌上寫著「哈囉啤酒免費品嚐」的字樣。一傳十，十傳百，全市老百姓都從家裡拿出自己的瓶子、杯子排成長隊去接啤酒喝。電視臺、報紙、廣播電臺爭相報導，林達不掏一分錢就將哈囉啤酒的廣告成功地做上了電視臺和報紙。該年度「哈囉」啤酒的銷售量增長了 18 倍，林達也成了聞名布魯塞爾的銷售專家。

◆ 案例分析：

創造性思維是銷售中不可或缺的，要讓企業和產品有一個良性的發展空間，就需要創造銷售機會，而機會通常來自以下幾種方式：偶然、尋找、創造。無論偶然還是尋找到的機會，都需要許多新的創造點來支撐。創造性要求與眾不同，利用與眾不同和對手產品產生巨大差異，引起潛在客戶的關注。

就像這個案例中的啤酒業務員林達，在「哈囉」啤酒銷售

不景氣而廠長又拒絕做廣告的情況下,他不停思考,尋找銷售機會。當他看到于連廣場上小孩們的嬉戲時,產生了靈感。他把于連「尿」出來的自來水變成了「哈囉」啤酒,並邀請市民免費品嚐。他的這個創意,別出心裁,不但成功開創了啤酒的銷路,還使自己從一個普通的啤酒業務員成長為聞名布魯塞爾的銷售專家。

可見,想要開創銷售局面、取得良好的銷售業績,就必須抓住一切可以利用的機會點創造性思考,並把這種與眾不同的新穎機會展示出來,這樣才能得到潛在客戶的高度關注和最終認可。

案例42　替客戶著想方能輕鬆促成訂單

在美國零售業中,有一家知名度很高的商店,它就是彭奈創設的「基督教商店」。

有一次,彭奈到愛達華州的一個分公司視察業務,他沒有先去找分公司經理,而是一個人在店裡「逛」了起來。

當他走到賣罐頭的部門時,店員正跟一位女顧客談生意。

「你們這裡的東西似乎都比別家的貴。」女顧客說。

「怎麼會?我們這裡的售價已經是最低的了。」店員說。

「你們這裡的青豆罐頭就比別家貴了三美分。」女顧客說。

「喔,您說的是綠王牌的,那是次級貨,而且是最差的一種,由於品質不好,我們已經不賣了。」店員解釋說。

女顧客有點不好意思。

店員為了賣出產品,就又推銷道:「吃的東西不像別的,關係到一家老小的健康,您何必省那三美分。這種牌子是目前最好的,一般上等人家都選它,豆子的光澤好,味道也好。」

「還有沒有其他牌子的呢?」女顧客問。

「有是有,不過那都是次級貨,您要是想要的話,我拿出來給您看看。」店員回答。

「算了,」女顧客面有慍色地說,「我以後再買吧。」連挑選出的其他罐頭她也不要了,掉頭就走。

「這位女士請留步,」彭奈急忙說,「您不是要青豆嗎?我來介紹一種物美價廉的產品。」

女顧客愣愣地看著他。

「我是這裡專門管理進貨的,」彭奈趕忙自我介紹,以消除對方的疑慮,然後接著說,「我們這位店員剛來不久,有些貨品不太熟悉,請您原諒。」

女顧客當然不好意思再走開。彭奈順手拿過沙其牌青豆罐頭,他指著罐頭說:「這個牌子是新出的,它的容量多一

點，味道也不錯，很適合一般家庭。」

女顧客接了過去，彭奈又親切地說：「剛才我們店員拿出的那一種，色澤是好一點，但多半是餐廳用，因為他們不在乎貴幾分錢，反正羊毛出在羊身上，家庭用就有點不划算了。」

「就是嘛，在家裡吃，色澤稍微差一點倒是無所謂，只要不壞就行。」

「衛生方面您大可放心，」彭奈說，「您看，上面不是有檢驗合格的標章嗎？」

於是，這筆小生意就這樣做成了。顧客走後，分公司經理聞訊趕來，那位店員才知道彭奈原來是總公司的老闆。

彭奈說：「我看得出你是個熱心於工作的店員，只是技巧不夠，只要你肯用心，很快就會學會的。現在我把剛才的情形分析給你聽。」

「當顧客嫌東西貴時，雖然原因各有不同，但主要是想買便宜的東西，你要能夠從顧客的角度思考，了解他的需求後，再向他介紹合適的東西，要做到讓顧客心裡有這樣一種感覺：他買的是一種很適合他的東西。以剛才的青豆罐頭為例，顧客既然嫌貴了，你就不應該再強調那個品牌有多好，應該說：『那個品牌的產品，定價都較高一點，我建議您用這個牌子的看看，東西也很不錯，價錢則便宜了五美分。』」假

如你看她有要買的意思，你要輕描淡寫地說明這種產品的缺點，就像我剛才那樣，讓顧客了解罐頭內部的情況。你不妨這樣說：『很多顧客吃了這種罐頭都說，色澤雖然稍差一點，味道一點也不差。』這樣一交代，符合我們不欺騙顧客的原則，還滿足了顧客的需求，對不對？」

分公司經理和店員聽完，心服口服。

◆案例分析：

優秀的業務員關注顧客而非產品，他們在銷售之前往往會從顧客的角度來考慮問題，將心比心，感同身受。這與拙劣的業務員只顧向顧客推銷產品而不從顧客的角度考慮其是否真正需要是完全不同的。這個案例就是透過換位思考而獲得銷售成功的典型案例。

店員與女顧客談生意，當顧客提出東西貴了的時候，店員還是一味地推銷貴的商品，讓顧客產生了一種感覺——便宜就是次等貨，導致顧客放棄購買。這個店員顯然沒有從顧客的角度考慮問題，也沒有弄清顧客的心理需求，這是一種典型的缺乏深入思考能力的表現。優秀的業務員要了解這個道理：顧客關注的並不是所購產品本身，而是透過購買產品能獲得的利益或功效。

女顧客要離開時，彭奈的出現讓這次銷售「柳暗花明」。

「您不是要青豆嗎？我來介紹一種又便宜又好的產品」，這句話一下子就抓住了顧客的心理，是業務員左右腦智慧的展現（左腦的理性分析和右腦的敏感性）。接下來，彭奈又充分發揮了自己左腦的邏輯思維能力，從容量、味道、價錢等方面進行說服，最終做成了這筆小生意。

這筆生意的成功，關鍵就在於彭奈進行了換位思考，掌握了顧客的真實需求，並進行了有個別性的推銷。

案例43　打破思維定式，將瓶口變大，銷售業績自然生長

番茄醬是日本人愛吃的調味料之一，因此在日本銷量非常大，競爭十分激烈。

在眾多的經營者中，可果美與森永是兩家最重要的競爭者，但長期以來，可果美的銷量一直是森永的兩倍。

兩家品質一樣好，甚至在廣告方面森永比可果美做得還要好。可為什麼在銷量方面森永卻輸給可果美呢？

森永的老闆百思不得其解，於是發動公司員工分析原因並出謀劃策。

經過眾人一個多月的努力，公司收到數百份建議書，其

中有一個業務員提出：將番茄醬包裝瓶的口改大，讓大的湯匙可以伸進去舀。

奇招！真是奇招！老闆立即採納並投入生產。

結果非常成功，銷量迅速增加，不到半年時間，森永公司的銷量就超過了可果美。一年後，它占有了日本大部分市場。為何情況會一下子改變呢？

原來，森永公司的番茄醬與其他公司一樣，使用的是與啤酒瓶和醬油瓶一樣的玻璃瓶包裝，由於瓶口太小，消費者使用時需要用力搖晃後將瓶子倒過來，番茄醬才會慢慢流出來。這樣消費者每次吃的量很少，從而導致銷量不多。

當森永公司把瓶口改大後，喜歡吃番茄醬的日本人，在不知不覺中食用了比平常更多的量，而且大家發現森永的包裝更方便，因此更願意購買森永的番茄醬。

◆ 案例分析：

擴散性思維又叫輻射思維、求異思維、開放思維等，它是指圍繞一個中心問題，多方面進行思考和聯想以探求問題答案的思維方式。「多」是擴散性思維的最大特點：多角度、多層次、多思路、多途徑……然後從中選擇最好的方法，求得最佳的答案。擴散性思維能夠打破原有的思維定式，尤其是能為創造者提供一種全新的思考方式。

就像這個案例中銷售番茄醬的森永公司，雖然產品的品質和廣告宣傳都比競爭對手要好，但銷量卻不及競爭對手，森永的老闆發動公司員工集思廣益，獻計獻策，最後在數百份建議書中找到了最佳方案：改大番茄醬包裝瓶的開口，讓大的湯匙可以伸進去舀，結果使公司產品銷量大增。這就是擴散性思維的力量，是左腦思維在銷售中取得的勝利。

因此，在銷售中，我們應該充分運用擴散性思考法，從不同的方面分析問題，準備出多種解決方案，並從中挑出最佳方案進而將問題徹底解決。

案例 44　逆向思維，讓成交水到渠成

某大型賣場正銷售拉舍爾毛毯。這種毛毯質地、觸感非常好，價格高，一直放在玻璃櫥窗裡面。為了確保高檔商品不被顧客弄髒、弄壞，該賣場與眾多大型賣場一樣，在櫥窗上擺了一塊「貴重商品，請勿動手」的牌子。由於顧客不知道這種毛毯質地到底有多好，而且價格又高，因此一個月只能賣出四五條。

後來有人為該賣場出了主意：把「請勿動手」的牌子撤掉，換上「請君動手」的牌子。反其道而行之，讓顧客觸摸拉舍爾毛毯，親自體會它比普通毛毯好在哪裡。

該賣場這一與眾不同的方式吸引了很多顧客，他們爭著用手去觸摸毛毯，感覺到它真的是品質好、觸感好，於是紛紛購買。在換上「請君動手」牌子的當天，該賣場就賣出48條拉舍爾毛毯，一天的銷售量竟達到之前近一年的銷售量。

◆ 案例分析：

反向思維就是對傳統的和現有的慣例，包括習俗、行業風氣、產品樣式、銷售方法等採取反其道而行之的方法，因此反向思維的結果必然是與眾不同的，對於化解銷售僵局有很大的作用。

就像案例中的賣場，擺著「貴重商品，請勿動手」的牌子，使得毛毯雖然品質很好，卻鮮有人問津。而當其運用反向思維，把「請勿動手」換成「請君動手」之後，銷量立刻暴增。

讓顧客親自觸摸高檔商品，目的就是讓顧客親身感受它，從而讓潛在客戶產生想要購買的右腦欲望。再加上店員耐心周到的服務，顧客更容易了解商品，賣場生意自然興隆。

可見，反向思維只要思路正確，就能滿足某些或某個消費族群的需求或願望，幫店家增加銷售額。

第十三章
認知與信任：左右腦構建銷售基石

案例45　用精彩的開場白直擊客戶右腦

張宇是戴爾公司的業務代表，得知國稅局將於今年年中採購一批伺服器，林副局長是這個專案的負責人，他為人正直敬業，與人打交道總是很嚴肅。張宇為了避免兩人第一次見面出現僵局，一直在思考一個好的開場白。直到他走進國稅局寬敞明亮的大廳，才突然有了靈感。

「林局長，您好，我是戴爾公司的小張。」

「你好。」

「林局長，這是我第一次進國稅局，進入大廳的時候感覺到很自豪。」

「很自豪？為什麼？」

「雖然我算不上富有，但是繳的所得稅也不算少。所以我一進國稅局的大門，就有了這種自豪的感覺。」

「你們收入一定很高,你通常每年繳多少稅?」

「這就要根據銷售業績而定了。」

「如果每個人都像你們這樣繳稅,我們的稅收任務早就完成了。」

「對呀。而且政府用這些錢去實行教育、基礎建設或者國防建設,對經濟也有很大的幫助。」

「沒錯。」

「我這次來的目的是想了解一下稅務資訊系統的狀況,我得知您正在負責一個伺服器採購的專案,想了解一下這方面的情況。戴爾公司是全球主要的個人電腦供應商之一,我們的經營模式能夠為客戶帶來全新的體驗,我們希望能成為貴局的長期合作夥伴。我能否先了解一下您的需求?」

「好吧。」

◆ 案例分析:

開場白就是業務員見到客戶後的第一次談話,在與客戶面談時,不應只是向客戶介紹產品,而應與客戶建立良好的關係。因此,一個好的開場白,對業務員來說無疑是推銷成功的門票。這個案例就是以精彩的開場白獲得客戶好感的經典實戰案例。

案例中,作為戴爾公司的業務代表,張宇要拿下某國稅

局的伺服器採購專案,他知道開場白的重要性,因此在與客戶見面之前就進行了思考,這是良好的左腦習慣。

當他看到國稅局氣派的大廳時,就有了靈感,這裡則是業務員右腦實力的展現。

在見到主管這個專案的林副局長後,他開口便說:「這是我第一次進國稅局,進入大廳的時候感覺到很自豪。」這句話直接作用到客戶的右腦,感覺雙方的距離一下子就拉近了,陌生感也消除了很多。客戶在好奇心理的作用下,詢問張宇自豪的原因,這樣張宇就從國稅局大廳過渡到個人所得稅,最後非常自然地切入主題——伺服器採購的專案。由於客戶已經對張宇產生了一定的好感,所以雙方之後的談話進行得很順利。

由此可見,開場白的好與壞,在一定程度上決定了一次推銷的成功與否。因此,業務員在拜訪客戶之前一定要想好自己的開場白,讓客戶留下好印象,為成交打好基礎。

案例46 用專業能力讓客戶對你心服口服

「前方即將到達XX加油站」,汽車導航的語音從音響裡傳出,路上車輛的行駛速度漸漸慢了下來,好多車輛都右轉

進去準備加油。這間知名的XX加油站,熟悉這裡的司機都知道,XX加油站不僅油品的品質好,而且服務也細心周到。還有一樣令人佩服的是:司機問起油品的相關問題,這裡的員工幾乎百問不倒。

一位好奇心很強的顧客在加完油後,特地進行了一番實地考察。她詢問加油站張經理:「聽說站上每日一題考核員工,我能考一考他們嗎?」張經理欣然答應。這位顧客叫來一名員工,抽了一道題,員工答對了。她又叫來另一名員工,也抽了另一道題,員工又答對了。兩位員工對考題十分嫻熟,對答如流。

此時,外面正好開進來一輛油罐車,這位了解加油站情況的顧客靈機一動,「刁難」地說:「我想考考你們這裡聞一聞汽油就能知道種類的人才。」她指的人才是小陳。小陳被蒙上雙眼,分別聞了幾瓶裝好的汽油,隨即說出了它們的種類。女顧客驚詫不已。小陳扯下矇眼的布條,將手指伸進瓶中沾了沾,在拇指上捻了捻,說:「我還能說出它們的密度。」

女顧客帶著驚奇和讚嘆,心悅誠服地離開了。她不會知道小陳究竟付出了多少努力。

小陳的才能同樣引起了關注他成長的主管的注意,不久,小陳被調任為XX加油站副經理。

◆ 案例分析：

百問不倒，就是銷售人員對產品知識絕對熟悉，這是業務員左腦實力的展現。

我們看到，案例中加油站的員工面對客戶有關油品的提問，都能對答如流；小陳還能夠透過嗅覺判斷汽油的種類，透過手的觸覺推斷汽油的密度。這就是「百問不倒」的技術，這樣的能力也讓客戶驚嘆和信服。

百問不倒是一種嚴格、縝密的基本功，依靠的是嚴謹的態度和強化訓練，是透過對客戶可能問到的各種問題的周全準備，從而讓客戶心悅誠服的一種實戰技巧，展現了業務員高超的左腦能力。

因此，在銷售過程中，業務員可以憑藉自己專業的、熟練的產品知識在較短時間內贏得客戶對自己專業能力的認可，從而使客戶做出有利於自己的採購決策。

案例47　靈活採用迂迴策略，取得客戶的信任

菲亞電器公司的威伯先生在美國一個富饒的農業地區考察市場。

「為什麼這個農場不使用電器呢？」經過一家管理良好的

農場時,威伯問該區的業務代表。

「農場主人一毛不拔,你無法賣給他任何東西。」業務代表回答,「此外,他對業務員到府推銷的做法很不滿,我試過了,一點希望也沒有。」

也許真的一點希望也沒有,但威伯決定無論如何也要嘗試一下,於是他去敲那家農舍的門。

門開了一條小縫,一位老太太探出頭來,一看到業務代表,她馬上把門關上。威伯又敲門,她又打開門,把對業務員的不滿全部說了出來。

威伯說:「太太,很抱歉,我們打擾到您了。我們不是來這裡推銷電器的,我只是要買一些雞蛋而已。」

她把門開大了一點,懷疑地看著他們。

威伯說:「我注意到您那些招人喜愛的多明克雞,我想買一磅雞蛋。」

門又開大了一點。「你怎麼知道我的雞是多明克雞?」她好奇地問。

「我自己也養雞,」威伯回答,「但我從來沒見過這麼好的多明克雞。」

「那你為什麼不吃自己養的雞生的蛋呢?」老太太仍然有點懷疑。

「因為我養的雞生的是白殼蛋。您一定清楚做蛋糕的時

候，白殼蛋是比不上紅殼蛋的。」

這時，老太太放心了，態度也溫和多了。威伯四處打量著，發現這家農舍有一間很好看的牛棚。

威伯說：「我敢打賭，您養雞賺的錢，比養乳牛所賺的錢還要多。」

聽了這話，老太太十分高興！她興奮地告訴威伯，養雞賺的錢真的比養乳牛賺得多。接下來，她邀請他們參觀她的雞棚，甚至還傳授給威伯一些養雞經驗。

她還告訴威伯，她的一些鄰居在雞棚裡安裝了電器，據說效果非常好。她徵求威伯的意見，問他安裝電器是否值得……

兩個星期之後，威伯把電器賣給那個農場。

◈ 案例分析：

在與客戶的初次接觸中，讓客戶產生信任是至關重要的。但是，信任是經過思考、檢驗後的一種理性結論。這就需要業務員能夠充分了解左右腦的知識，採用迂迴的策略，把客戶右腦的防衛轉化為左腦的信任。

我們知道，人的右腦負責籠統地蒐集資訊，並含糊地進行判斷。就如案例中的老太太一樣，面對一個陌生人，根據以往的經驗是一定要防衛的，要有警惕性，否則就容易上當

受騙。所以一開始，老太太只是把門開了一條小縫，並且對他們的身分和目的持懷疑的態度。威伯不愧是一個經驗豐富的業務員，見此情景，他知道當務之急就是要消除老太太的防衛心理。於是，他採用了右腦策略，以買紅殼雞蛋為由，逐漸取得了老太太的信任。門一點點地打開，老太太放心了，至此威伯已經把客戶右腦的防衛轉化為了左腦的信任，最後成功地達到了銷售電器的目的。

　　作為業務員，我們要知道，初次拜訪客戶時，客戶根據自己右腦的籠統建議和經驗總結，想盡快結束會見是非常正常的反應。只要我們用對策略，就能消除客戶的警惕，取得客戶左腦的信任，讓客戶覺得「這個人還是滿可靠的」，從而實現自己的銷售目的。

第十四章
全腦互動：創造更多銷售可能性

> 案例 48　技多不壓身，用專業打動客戶

　　孫興從美術學院畢業後，一時沒找到適合的工作，就做起了房地產業務員。

　　可是3個月過去了，孫興一間房子也沒賣出去，按合約約定房地產公司不再續發給他底薪，這讓他陷入了進退兩難的境地。

　　某天，孫興的一個大學同學向他提供了一個消息：有位熟人是某大學的教授，他住的宿舍大樓正準備拆遷，他還沒拿定主意買什麼樣的房子。這個同學勸孫興不妨去試一試。

　　第二天，孫興敲了教授的家門，說明了來意。教授客氣地把他帶到客廳。當時，教授剛上國中的兒子正在畫靜物。孫興一邊向教授介紹自己推銷的房產情況，一邊不時瞄上幾眼小孩的畫。

　　教授半閉著眼睛聽完孫興的介紹，說：「既然是熟人介紹

來的，那我考慮一下。」孫興透過觀察，發現教授只是出於禮貌而應和，對他所說的房子其實並沒有多大興趣，腦袋突然一片空白，不知道接下來該說什麼，氣氛一時變得很尷尬。

這時，孫興看到小孩的畫有幾處問題，而小孩卻渾然不知，便站起身來走到他跟前，告訴他哪些地方畫得好，哪些地方畫得不好，並拿過畫筆嫻熟地在畫布上勾勾點點，畫布上靜物的立體感頃刻就突顯出來了。小孩高興地說：「哥哥真是太棒了！」略懂繪畫的教授也吃驚地瞧著孫興，忍不住讚道：「沒想到你還有這兩下子，一看就是科班出身，功力不淺啊！」他還感激地說：「有時候，我也看出小孩畫得不是那麼回事，可是我也一知半解，不知道怎麼輔導，經你這麼一提點，就立刻了解了，你真是幫了我的大忙！」

接下來，孫興和教授頗有興致地談起了繪畫藝術，並把自己學畫的經歷說了一遍。他還告訴教授應該如何選擇適合小孩的基礎訓練科目，並說以後有時間就會來替小孩講課。孫興的一番話，讓教授產生了好感，也開了眼界，一改剛才的冷淡，連連點頭稱讚。

兩個人越聊越投機，後來，教授主動把話題扯到房子上來。他一邊幫孫興端上一杯熱茶一邊說：「這些日子，我和其他幾個老師也約了不少推銷房子的，他們介紹的情況和你的差不多。我們也打算抽空去看看，買房子不是小事，得慎重才行。」

教授又看了孫興一眼，接著說：「說心裡話，我們當老師的就喜歡學生，尤其是有才華的。你的畫技真讓我佩服！同樣是買房子，買誰的不是買，為什麼不買你這個窮學生的呢？這樣吧，過兩天，我聯絡幾個要買房的同事去你們公司看看，如果合適就在你那裡買，怎麼樣？」

半個月後，經過雙方溝通，學校裡的十幾名教師與孫興簽訂了購房合約。

◆案例分析：

業務員的知識面越廣，左腦實力越強，銷售成功的機會就越大。尤其是當顧客遇到麻煩、需要幫助時，這些知識隨時都會派上用場。如能抓住機會，幫上一把，必能讓對方心生感激、刮目相看，為推銷成功開創局面。這個案例就是這方面的一個典型。

房地產業務員孫興透過熟人介紹，得到了一個銷售資訊，他登門拜訪，並詳細陳述房子的情況，但潛在客戶對房子並未產生很大的興趣，談話陷入尷尬的局面。至此，說明孫興的左腦策略失敗了，如果不改變策略的話，就會失去這次銷售機會。美術專業出身的孫興看到客戶的小孩正在畫的靜物有幾處問題，於是大概地指導了小孩，這讓客戶大為驚訝，他沒有想到一個房地產業務員有如此高的美術專業素養。孫興抓住這個

機會，與客戶探討繪畫藝術，逐漸用自己的左腦知識能力贏得了客戶右腦的好感和認可。

最後，客戶不但自己買了房子，還推薦其他同事到孫興那裡買房。

孫興用自己廣博的知識抓住了稍縱即逝的銷售機會，並取得成功。可見，銷售人員只有不斷豐富自己的知識，提升自己的左腦能力，才能在關鍵時刻抓住機會並取得成功。

案例49　打錯電話也可以談成一單生意

「您好！張先生，我是XX健身俱樂部的會員經理夏昕。」

「你好！」

「週六的活動您沒有忘記吧？我需要跟您確認一下，免得您工作太忙忘記了。週六早上我們在體育館等您，好嗎？」

「哦！你可能打錯了吧，我記得週六是有個活動，但不是在體育館，你是哪個俱樂部？」

「我是XX健身俱樂部的會員經理夏昕。您不是張先生嗎？您的電話是09XXXXXXXX。」

「啊，錯了。我的電話是09XXXXXXXX。」

「哎喲！您看，真是不好意思，我工作疏忽，撥錯了一個

號碼,耽誤了您這麼多時間。差點讓您上錯車了。」

「哈,可不是嗎?我要是不小心就真的跑到體育館去了。」

「不過,既然是我工作失誤,差點耽誤了您的事情,我可不可以邀請您跟我們俱樂部一起度個週末呢?」

「好呀!你們俱樂部實際有哪些健身活動呢?」

「我們俱樂部不僅有基礎的健身方案,還引進了高溫瑜伽。」

「我們經常組織一些會員和對瑜伽感興趣的非會員進行週末體驗活動。這週六早上九點就有一個活動。您有興趣可以來體驗一下。對了先生,您怎麼稱呼?」

「我姓陳。」

「陳先生,您要是感興趣,我可以幫您安排,您也可以選擇週日或下週,我們每週都會舉辦活動。」

「週六我安排了事情,不過你們俱樂部還是很有意思,你們的瑜伽是電影中的那種嗎?」

「是的,而且我們有專門的講師,並加入了一些適合大眾的特殊動作,您可以抽出時間親自體驗一下,或者我傳給您一些資料。我可以幫您安排,免得耽誤您的時間。」

「那麻煩您幫我安排一下,我下週參加你們的活動吧。」

「好的,陳先生,我已經記下您的電話了,我一定幫您安

排好，下週我還是這個時間打電話給您，好嗎？」

「好！可以。」

「好的，一定！您也記一下我的電話，如果您還有什麼需要我安排的可以隨時跟我聯絡，這個號碼就是我的手機。不多打擾您了，祝您週末愉快！再見！」

「好的！再見！」

◆ 案例分析：

打錯電話是每個業務員都有過的經歷，有的業務員每天要撥近百個客戶的電話，難免會發生這樣的失誤，重要的是如何正確地處理這種失誤。作為一個優秀的業務員，應該以真誠之心彌補一時失誤造成的影響，並且用熱情和真誠力爭取得一個新的銷售機會，贏得一個原本毫無關係的新客戶。

這個案例中，業務員一開始並不知道打錯了電話，而是在聊天之後才發現，接下來業務員高超的溝通能力和右腦能力就展現出來。業務員首先誠懇地向對方道歉，但是道歉之後並沒有立即結束通話電話，而是藉此機會向對方發出邀請：「我可不可以邀請您跟我們俱樂部一起度個週末呢？」這句話既表現了業務員的右腦實力，也表明業務員的思維已經由右腦過渡到了左腦，開始向潛在客戶詳細介紹自己的公司和自己的產品，最終把潛在客戶變為真正的客戶。

可見，當工作中出現失誤的時候，如果業務員能夠發揮自己的右腦優勢及時彌補，主動溝通，說不定對方也會像案例中的陳先生一樣成為新的客戶呢！

案例50　攻破銷售失敗的根本原因，輕鬆拿下訂單

麥克是一名保險業務員，近日，為了讓一位難以成交的客戶接受一張10萬美元的保險單，他連續工作了幾個星期。最後，那位客戶終於同意進行體檢，但最後從保險部得到的答案卻是：「拒絕，申請人體檢結果不合格。」

看到這個結果，麥克並沒有放棄，他靜下心來想了一下：客戶已經到了這個年齡，投保一定不會只為自己，一定還有別的原因，也許我還有機會。於是，他以朋友的名義，去探望了那位申請人。他詳細地解釋了拒絕其申請的原因，並表示很抱歉。然後，話題轉到了顧客購買保險的目的上。

「我知道您想買保險有許多原因，」他說，「那些都是很合理的理由，但是還有其他您正努力想達到的目的嗎？」

這位客戶想了一下，說：「是的，我考慮到我的女兒和女婿，可是現在不能了。」

「原來是這樣，」麥克說，「現在還有另一種方法，我可以

為您制定一個新計畫（他總是說計畫，而不是保險），這個計畫能為您的女兒和女婿在您去世後提供稅收儲蓄，我相信您會覺得這是一個理想的方法。」

果然，客戶對此很感興趣。

麥克分析了他的女兒和女婿的財產，不久就帶著兩份總計15萬美元的保險單來了。那位客戶簽了字，保險單即日生效。麥克得到的佣金是最初那張保險單的兩倍多。

◆ 案例分析：

在銷售中，常常會因為某種原因，使推銷計畫無法實行。在這種情況下，多數業務員會主動放棄，而優秀的業務員則會深入思考，力求從另一個途徑再次找到銷售的突破口。

就像這個案例中的麥克，他花了幾個星期的時間來說服客戶購買保險，但體檢的結果是客戶不能投保，面對這個結果，麥克並沒有陷入感性思維，就此放棄，而是進行了深入思考，這是良好的左腦習慣。

麥克思考後，再次拜訪了客戶，正如他預料的那樣，客戶投保還有其他深層次的原因：為了女兒和女婿。得到這個資訊後，麥克利用自己豐富的專業知識，立刻為客戶制定了一個新的保險計畫（左腦能力），並獲得了客戶的認可，這是業務員左腦思維的勝利。

第十五章
雙管齊下：激發客戶購買的渴望

案例 51　充分利用客戶的好奇心，刺激客戶下單

鄭浩是一位從事人壽保險業務的業務員。一次，他拜訪了一位完全有能力投保的客戶，客戶雖然明確表示自己很關心家人的幸福，但當業務員試圖促成投保時，他卻提出了異議，並且進行了一些毫無意義的質疑。很顯然，如果不出奇招，這次推銷成功的可能性很小。

鄭浩沉思了片刻。然後，他凝視著客戶，高聲說道：「先生，我真不了解您還猶豫什麼呢？您已經對我說了您的需求，而且您也有能力支付保險費，您也愛您的家人！不過，我好像向您提出了一個不合適的保險方式，也許我不應該讓您簽訂這種方式的保險合約，而應該讓您簽訂『29天保險合約』。」

鄭浩稍作停頓，又說道：「關於『29天保險合約』的問題，我想說明一下：第一，這個合約的金額和您所提出的金額是

相同的；第二，期滿退保金也是完全相同的；第三，29天保險合約兼備兩個特殊條件，那就是假如您失去支付能力而無力交納保險費，或者因為事故而造成死亡時，另外約定『免交保險費』和『發生災害時增額保金』的條件。這種29天保險的保險費，是正常規模保險合約保險費的50%，單從這方面來說，它似乎更符合您的要求。」

客戶吃驚地瞪大了眼睛，臉上放出光彩，問道：「這29天保險是什麼意思呀？」

「先生，29天保險，就是您每月受到保障的日子是29天。比如這個月有30天，您可以得到29天的保險，只有一天除外。這一天可以任由您選擇，您大概會選擇星期六或星期天吧？」

鄭浩停了片刻，接著說道：「可這不太好吧，恐怕您這兩天要待在家裡，可是根據統計，家庭這個地方看似安全卻是最容易發生危險的地方。」

鄭浩故意停下來不講了，他看著那位客戶，像是在等著什麼，過了一會，他才又開口說：「抱歉，我忽略了您的家人未來的幸福，而您是家庭責任感非常強的一個人。我在說明這種『29天保障』時說，您每月有1天或2天沒有保險，恐怕您會這樣想：『如果我猝然死去或被人殺害時將會怎麼辦？』」

「先生，關於這一點請您儘管放心。保險行業內的保險方

式雖然各式各樣，但對於這種『29天保險』，就目前來講，我們公司尚未認可。我只不過冒昧地說說而已。我之所以會對您說這些，是因為假如我是您的話，也一定會想，無論如何也不能讓自己的家人處於無依無靠的不安定狀態。您內心大概就是這樣的感受吧，先生？」

「我確信，像您這樣的人從一開始就知道我向您推薦的那份保險的價值。它規定，客戶在一週7天內1天不缺，在一天24小時內1小時也不落下，無論何時何地，也無論您在做什麼，都能對您的安全給予保障。能使您的家人受到這樣的保障，難道不正是您所希望的嗎？」

這位客戶完全被說服了，心悅誠服地買了費用最高的那份保險。

◆案例分析：

好奇是人類一種非常普遍的心理，當你能夠準確地掌握並利用這一心理的時候，你往往能夠成功地征服客戶。這個案例就是一個利用客戶的好奇心理成功簽下訂單的典型案例。

人壽保險業務員鄭浩碰上了一位有能力投保卻不想投保的客戶，採用常規的推銷方法顯然不能成功，於是他想出了一個「奇招」：杜撰了一個所謂的「29天保險合約」，這是業務員左腦思考的結果。

客戶果然很感興趣，連忙追問：「這 29 天保險是什麼意思呀？」從這句話可以看出，鄭浩的左腦策略已經開始發揮作用了，客戶的好奇心被挑起來，客戶的思維也開始從左腦的理性轉移到右腦的感性。在接下來的對話中，鄭浩充分發揮自己出色的口才，把客戶的思維始終控制在右腦，最終讓客戶心甘情願地購買了那份保險。

鄭浩正是透過「29 天保險」這個讓客戶覺得新奇的事物，激起了客戶的好奇心，客戶由於想了解謎底而使業務員有了繼續往下說的機會。如果沒有這個「29 天保險」作鋪陳，那麼推銷就難以成功了。在以後的推銷過程中，業務員也不妨一試。

案例 52　想讓客戶買產品？先挑起他的興趣

有一位中年男子到玩具櫃檯前閒逛，業務員李華熱情地接待了他。男子順手把擺在櫃檯上的一個聲控玩具飛碟拿起來。

李華馬上問：「先生，您的小孩多大了？」男子回答：「6 歲！」接著把玩具放回原位。

李華說：「您的小孩一定很聰明吧？這種玩具剛剛到貨，

第十五章 雙管齊下：激發客戶購買的渴望

是最新款，有利於開發兒童智力。」李華邊說邊把玩具放到櫃檯上，手拿聲控器，開始熟練地操控玩具飛碟，前進、後退、旋轉，展示了玩具飛碟的各種功能，同時又用自信且認同的語氣說：「小孩玩這種用聲音控制的玩具，可以培養他的領導概念。」說著，便把另一個聲控器遞到男子手裡，說：「試試吧，和小孩一起玩，多好。」

於是那位男子玩了起來，這時李華不再說話了。大約2分鐘後，男子停了下來，一臉興奮地端詳著玩具。

李華見機會來了，進一步介紹說：「這種玩具設計很精巧，玩起來花樣很多，比別的玩具更有吸引力，小孩一定會喜歡，有很多顧客來買它。」

男子說：「嗯，有點意思，一個多少錢？」

李華仍然保持著微笑，說道：「先生，好玩具當然與低劣玩具的價格不一樣，況且跟培養小孩的領導概念比起來，這點錢實在是微不足道。要知道小孩的潛力是巨大的，家長得為他們提供發揮的機會。您買這種玩具不會後悔的。」她稍微停頓了一下，拿出兩排全新的電池說：「這樣吧，這兩排電池免費贈送！」說著，便把一個原封的聲控玩具飛碟，連同兩排電池，一起塞進包裝用的紙袋遞給男子。

男子接過袋子說：「不用試一下嗎？」

李華說：「品質絕對保證！如有品質問題，三天之內可以退換。」

男子付了款，高興地提著玩具走了。

◆ 案例分析：

顧客一旦對什麼事物產生興趣，通常會立即表現出一種情緒上的興奮，這表示顧客正在使用右腦進行思考，正處於感性的狀態下。這時業務員一定要抓住使顧客產生興奮的隻言片語，及時重複和反問，或者主動介紹，以提高顧客的興趣，達到銷售的目的。

就像這個案例中的業務員李華，當她看見顧客拿起玩具後，就知道顧客已經對這個玩具產生了一定興趣，這時她及時上前詢問，當得知顧客的小孩6歲時，又把玩具與培養領導概念等連繫起來，並為顧客展示玩具的各種功能，讓顧客的興趣進一步被激發出來，這個過程需要業務員發揮右腦的能力，既能夠察言觀色，又能隨機應變，針對不同的顧客需求使用不同的推銷技巧。當顧客詢問價錢時，李華又把價錢與玩具能為小孩帶來的好處相比較（抓住顧客望子成龍的心理），並免費贈送兩排電池（右腦策略）。業務員這些策略的目的都是在強化顧客的右腦感知，把顧客的思維始終控制在右腦上，最終讓顧客做出購買決定。

因此，當業務員在銷售過程中遇到類似情況時，要能及時發揮自己右腦的優勢，在顧客現有的興趣點上恰當提問、介紹，以提高對方的興趣，刺激對方的購買欲，以達到銷售的目的。

第四部分　策略篇：
客戶銷售中的左右腦應用技術

第四部分　策略篇：客戶銷售中的左右腦應用技術

第十六章
另闢蹊徑：用小策略換取大成果

> 案例 53　機會總會眷顧有準備的人，你了解的客戶資訊永遠要比對手多

　　幾年前，有一個電信計費的方案，A 公司志在必得，將系統整合商、代理商組織了一個十幾個人的專案小組，住在當地的飯店裡，天天跟客戶在一起，還幫客戶做標書、做測試，關係處得非常好，大家都認為拿下這個訂單是十拿九穩的，但在投標時卻輸給了另一家系統整合商。

　　不打不相識，雙方決定坐下來談一談，看看有沒有合作的可能性。A 公司得知，得標方的代表是李女士。A 公司的代表問她：「你們是靠什麼贏了那麼大的訂單呢？要知道，我們的代理商很努力呀！」李女士反問道：「你猜我在簽這個合約前見了幾次客戶？」A 公司的代表說：「我們的代理商在那邊待了好幾個月，你少說也去了 20 多次吧。」李女士說：「我只去了 3 次。」只去了 3 次就拿下 2,000 萬元的訂單？一定有

很好的關係吧？但李女士說她在做這個專案之前，一個客戶都不認識。

那到底是怎麼回事呢？

李女士第一次來，就分別拜訪了局裡的每一個部門，拜訪到局長的時候，發現局長不在，辦公室的人告訴她局長出差了。她就問局長出差住在哪個飯店。得到消息後，她馬上打電話給那個飯店，囑咐該飯店訂一束鮮花和一個水果籃，寫上她的名字，送到局長房間。然後又打電話給她的老闆，說這個局長非常重要，請老闆一定要想辦法接待一下。

之後，她馬上預訂機票，中斷其他工作，下飛機後就去飯店找局長。等她到飯店的時候，發現她的老闆已經在跟局長喝咖啡了。

在聊天中得知局長有兩天的休息時間，老闆就請局長到公司參觀，局長對公司的印象非常好。參觀完之後大家一起吃晚飯，吃完晚飯李女士又請局長去看舞台劇。

為什麼請局長看舞台劇呢？因為她問過局長辦公室的工作人員，得知局長很喜歡看舞台劇。局長離開時，她送局長到機場，對局長說：「經過這幾天的交流，我們對彼此都有了深層的了解，您看，一週之後我們能不能到您那裡做技術交流？」局長很乾脆地答應了。一週之後，她的公司老闆帶隊去做了技術交流。

老闆後來對她說，局長很給「面子」，親自將相關部門的人員都請來，一起參加了技術交流。在交流的過程中，大家都感覺到了局長的傾向，所以這個訂單很順利地拿了下來。

A公司的代表聽後說：「你可真幸運，剛好局長去出差。」李女士掏出了一個小本子，說：「不是什麼幸運，我的每個重要客戶的主要主管行程都記在上面。」打開一看，上面密密麻麻地記了很多名字、時間和班機，還包括他們的愛好是什麼、他們的家鄉是哪裡、這一週在哪裡、下一週去哪裡出差等等。

◆ 案例分析：

有句俗話：「知己知彼，百戰百勝。」銷售也是同樣的道理。當業務員接近一個客戶的時候，要做的第一件事就是發揮左腦優勢，盡可能地蒐集相關資訊，其中大客戶的個人資料是必不可少的。因為只有掌握了大客戶的個人資料，才有機會挖掘到客戶內在的實際需求，才能做出實際有效的解決方案。當掌握到這些資訊的時候，銷售策略和銷售行為往往就到了一個新的轉捩點，必須設計新的思路、新的方法來進行銷售。這個案例就是一個透過掌握大客戶個人資料而成功擊敗競爭對手的典型實戰案例。

在此案例中，得標方的業務代表只與客戶接觸了3次就

成功拿下了 2,000 萬的訂單,而競爭對手 A 公司花費了很大的人力、物力也未能如願,原因就在於得標方的業務代表掌握了客戶的關鍵決策人物——局長的個人資訊,並且根據這些資料採取了一系列主攻客戶右腦的銷售策略。

首先,打電話到局長下榻的酒店,請酒店送一束鮮花和一個水果籃到局長的房間,並寫上她的名字。

其次,打電話給本公司的老闆,請老闆親自接待客戶。再次,請局長參觀自己的公司。

最後,請局長去看舞台劇。

這些行動都源於客戶的個人資訊,且直接作用於客戶的右腦,獲得了客戶的好感,建立了比較密切的客戶關係。最終,在一次老闆親自帶隊的大型技術交流會之後,李女士的公司順利拿到了這個大訂單。

由此可見,掌握大客戶的個人資訊在大客戶銷售中是非常重要的,有時候能達到事半功倍的作用。

大客戶的個人資訊主要包括以下幾個方面:家庭狀況和家鄉、畢業的大學、喜歡的運動、喜愛的餐廳和食物、寵物、喜歡閱讀的書籍、上次度假的地點和下次休假的計畫、在公司中的作用、同事之間的關係、今年的工作目標、個人發展計畫和志向等。

案例 54　充分熟悉產品性能，在客戶心理建立專家印象

李廣是一家潤滑油代理公司的業務員。有一天，他到一家汽車配件廠推銷產品時，發現這家配件廠的貨架上堆滿了其他廠商的同類產品，如美國美孚、殼牌（SHELL）。這家汽車配件廠在當地具有一定的影響力，而該店老闆又是個比較年輕且有遠見的年輕人。面對這樣的客戶，李廣並沒有退縮，他將潤滑油的性能資料一一介紹給老闆，比如它採用複合奈米銅新增劑——節能、抗磨、抗氧化是複合奈米銅新增劑最突出的特點。在常規狀態下，奈米銅顆粒在潤滑油中穩定存在，但摩擦副在高溫、高壓的條件下，奈米銅顆粒會在摩擦表面產生沉積、滲透等一系列物理、化學變化，修復摩擦表面的凹處和細微裂紋，並形成高強度的合金保護膜，從而大大降低磨損，表現出良好的減摩抗摩作用。

正當老闆在思考時，李廣的話引起了在一旁休息的BMW車主的興趣，李廣索性把他所知道的知識全部講述出來：實驗室評定和實際行車試驗顯示，這種大小為 2～7 奈米的複合奈米銅顆粒具有優異的極壓抗磨性能、突出的減摩性能、優良的抗氧化性能等特點，可以平均降低磨損 20%～50%。比如，在 SJ 級汽油中加入 1/1000 的奈米銅潤滑油節能抗磨新增劑後，摩擦係數可降低 30%，磨損度可降低 34%，燃油

經濟性提高5％,平均油耗可降低1.44％～3.90％。這一結果表明,在現有潤滑油中加入微量複合奈米銅新增劑,即可明顯降低汽車發動機的摩擦、磨損及油耗。

最後,這位車主被李廣的專業知識說服了,再加上自己有這方面的需求,就提出要訂購李廣的潤滑油,同時該店老闆也決定以後進購該牌潤滑油。

◆ 案例分析:

在與潛在客戶的初次接觸中,讓客戶留下專家印象還是朋友印象會產生不同的客戶感覺。因此,業務員一定要能夠根據實際情況,採取相應的策略,這樣才能獲得客戶的信任。

就像這個案例中的潤滑油業務員李廣,他在與潛在客戶見面後,發現客戶已經引進了很多同類產品,而且還都是名牌產品,老闆又很年輕。根據這些資訊進行分析,李廣覺得首先應該讓客戶留下一個專家印象,這樣才有可能打動客戶。這是一個左腦蒐集資訊並進行思考的過程,是業務員左腦能力的展現。接下來,他進一步發揮了自己的左腦實力,利用豐富的專業知識,充分闡釋了產品的優越性能,最終說服了客戶。

可見,業務員只有累積了豐富的知識,並對自己所銷售的產品瞭若指掌,才能向客戶全方位地介紹產品的性能,像專家一樣進行專業講解。

第十六章　另闢蹊徑：用小策略換取大成果

案例 55　施壓客戶，讓客戶產生危機感，從而促成交易

　　行銷高手瑪麗‧柯蒂奇是美國米爾房產公司的經紀人，她曾在半小時之內賣出一套價值 50 多萬美元的房子。

　　米爾房產公司設在佛羅里達州海濱，這裡位於美國的最南部，每年冬季都有許多北方人到此度假。

　　某天，瑪麗正在一處新轉到她名下的大房子裡參觀。當時，與瑪麗在一起的，還有公司的另外幾個經紀人。他們一行人打算參觀完這間房子之後，再去看看別的房子。

　　就在瑪麗一行人參觀房子的時候，有一對夫婦也在看房子。屋主見狀，馬上對瑪麗說：「嗨，瑪麗！快去和他們聊聊，也許會有收穫呢！」

　　「知道他們是誰嗎？」瑪麗問。

　　「不知道，原先我還以為他們是你們公司的人呢，因為你們幾乎是同時進來的。後來我才發現是我弄錯了，他們是自己過來的。」屋主說。

　　瑪麗聽後，快步走到那對夫婦面前，面帶微笑地伸出手說：「嗨，你們好，我是瑪麗‧柯蒂奇。」

　　「您好。我是鄧恩，這是我太太麗莎。」那名男子說，「我們在海邊散步，見這裡有房子參觀，就過來看看。我們不知

道……」

「歡迎歡迎！」瑪麗說，「我是這間房子的經紀人。」

「我們是順道來的，車子就停在門口。我們從維吉尼亞來這裡度假，一會就打算回去了。」

「哦，是這樣啊！沒關係的，你們可以隨時來參觀房子。」瑪麗邊說邊把一份資料遞給鄧恩。

麗莎臨窗看海，頓感心曠神怡，她自言自語地說：「這裡真美！實在太美了！」

「但是親愛的，我們必須回去了，要回到冰天雪地裡去。」鄧恩無奈地說，「這真是一件令人失落的事情！」

瑪麗又熱情地和他們交談了幾分鐘，就見鄧恩掏出名片遞給她，說：「認識你很高興，這是我的名片，希望以後常聯絡。」

瑪麗剛想掏名片給鄧恩夫婦，但猛地停住了，她出乎意料地對他們說：「我有個好主意，既然我們談得如此投機，為何不到我的辦公室好好聊聊呢？我的辦公室很近，只需要幾分鐘的車程。你們出門後向右轉，過第一個紅綠燈後左轉。」

瑪麗對自己的建議很自信，她不等他們同意，就率先走了，邊走邊對那一對夫婦喊：「我們待會辦公室見！」

瑪麗的兩個同事早已坐在車上等著她了，瑪麗把剛才的事情講給他們聽，他們都不相信能在辦公室看見那對夫婦。

第十六章 另闢蹊徑：用小策略換取大成果

還沒等瑪麗的車子停穩，他們就發現停車場有一輛凱迪拉克轎車，車上裝滿了行李，從車牌標示可以看出這輛車來自維吉尼亞！

在瑪麗的辦公室裡，大家短暫地寒暄後，鄧恩就問：「這間房子上市多長時間了？」

「老實說，這間房子在別的經紀人名下有半年了，今天才剛剛轉到我的名下。屋主急等用錢，現在降價出售，我想應該很快就會成交。」瑪麗回答。她看了看麗莎，然後盯著鄧恩說：「很快就會成交，我對這個很自信。」

麗莎對鄧恩說：「要是我們能有一間海邊的房子就好了，因為我非常喜歡大海。如果那樣的話，我們以後就可以常去海邊散步了。」

瑪麗問麗莎：「您先生是做什麼的？他的工作一定很辛苦吧？」

「鄧恩在股票公司做事，他的工作非常辛苦。我希望他能夠好好休息、多多放鬆，這也是我們每年都到佛羅里達旅遊的原因。」麗莎說。

「每年都來？」瑪麗問。「是的，每年都來。」麗莎回答。

「我想，如果你們每年都來這裡的話，就應該在這裡有一間屬於自己的大房子。你們想想，每次來到這裡，就好像回到了自己的家一樣，那是多麼舒服啊！更重要的是，這樣不僅可

以提高你們的生活品質,還可以延長你們的壽命。」瑪麗說。

「我也是這樣想的。」麗莎和鄧恩幾乎同時說出了這句話。接著,他們陷入了沉默。瑪麗知道他們在思考,所以也不說話,等著鄧恩開口。過了片刻,鄧恩開口說:「我還是覺得房子的價格有點高。」

「房價其實很合理,我想很快就會賣掉的,我以我的經驗保證。」

「為什麼如此確定?」

「能夠眺望海景的房子並不多,不是嗎?而且,房子剛剛降價。」

「但我發現這裡的房子很多。」

「我承認,這裡的房子是很多,我相信您也看了不少。但是,您看,這間房子擁有自己的車庫,這是它與其他海景房最大的不同之處。您只要把車開進車庫,就等於是回到了家。一進門,就可以喝上熱騰騰的咖啡。而且,這間房子附近有這裡最好的娛樂場所和大小餐廳,別的房子可沒這麼便利。」

鄧恩想了想,向瑪麗報了一個價,然後很果斷地說:「這是我願意購買的價格,再多一分錢我都不想要了。你們不用擔心貸款的問題,我可以付現。如果屋主同意,我會很高興。」

瑪麗一聽鄧恩的報價只比屋主的開價少 10,000 美元,就說:

「你的條件我想應該沒問題,但我需要你的10,000美元作為訂金。」

「這個沒問題,我現在就可以寫一張支票給你。」鄧恩說。「請在這裡簽名。」瑪麗把合約遞給鄧恩。

至此,整個交易宣告完成。瑪麗從見到這對夫婦,至交易成功,用了不到半小時的時間!

◆ 案例分析:

壓力推銷是指業務員使用強而有力的語言讓客戶造成購買是唯一出路的感覺,促使客戶做出購買決策的一種推銷方法。這種方法對已對產品動心的客戶,或者是準備買但又有點猶豫的客戶最管用。而使用這種強而有力語言的能力是業務員右腦能力的一種展現。這個案例就是業務員使用壓力推銷法成功拿下大客戶的一個經典案例。

在這個案例中,我們發現鄧恩夫婦雖然很滿意這套海景房,但他們當時並沒有購買的意思。假如瑪麗只是將自己的名片交給他們,事情多半會泡湯。瑪麗知道,在這種情況下,必須利用鄧恩夫婦在現場的有限時間,快速完成交易。怎麼才能快速完成這筆交易呢?瑪麗採取的方法很簡單,即製造緊張氣氛,傳遞給對方一個訊息:想買的話就抓緊時間,否則就沒了。此招果然見效,在短短的半小時之內,瑪麗就完

成了其他經紀人半年都沒有完成的任務。

可見,施壓客戶是一種比較有效的心理戰術,它會使客戶在無形中感到一種壓力,但他們感覺不出這是業務員施加的壓力,以為是客觀事實造成的。因此,使用這種推銷技巧,需要業務員具備出色的右腦能力,即說話具有影響力,對於環境有較強的控制能力,並且能夠靈活地加以變換。

第十六章　另闢蹊徑：用小策略換取大成果

國家圖書館出版品預行編目資料

解碼左右腦的銷售心理學：引發情感共鳴、運用邏輯制勝，締造完美成交 / 楊森 著 .-- 第一版 .-- 臺北市：樂律文化事業有限公司，2025.02
面；　公分
POD 版
ISBN 978-626-7644-56-0(平裝)
1.CST: 銷售　2.CST: 行銷心理學　3.CST: 顧客關係管理
496.5　　114001225

解碼左右腦的銷售心理學：引發情感共鳴、運用邏輯制勝，締造完美成交

作　　者：楊森
責任編輯：高惠娟
發 行 人：黃振庭
出 版 者：樂律文化事業有限公司
發 行 者：崧博出版事業有限公司
E - m a i l：sonbookservice@gmail.com
粉 絲 頁：https://www.facebook.com/sonbookss/
網　　址：https://sonbook.net/
地　　址：台北市中正區重慶南路一段 61 號 8 樓
8F., No.61, Sec. 1, Chongqing S. Rd., Zhongzheng Dist., Taipei City 100, Taiwan
電　　話：(02) 2370-3310　　傳　　真：(02) 2388-1990
律師顧問：廣華律師事務所 張珮琦律師
定　　價：299 元
發行日期：2025 年 02 月第一版
◎本書以 POD 印製